高等院校制药化工材料等专业实验系列教材

U0672912

基础实验Ⅱ

（有机化学实验）

（第二版）

Basic

Experiment

主　编　蒋华江　朱仙弟

ZHEJIANG UNIVERSITY PRESS
浙江大学出版社

图书在版编目（CIP）数据

基础实验.2,有机化学实验 / 蒋华江,朱仙弟主编.
—2 版. —杭州:浙江大学出版社,2018.1(2023.7 重印)
ISBN 978-7-308-17932-4

Ⅰ.①基… Ⅱ.①蒋… ②朱… Ⅲ.①有机化学—化
学实验—高等学校—教材 Ⅳ.①O6-3

中国版本图书馆 CIP 数据核字（2018）第 011804 号

JICHU SHIYAN YOUJI HUAXUE SHIYAN
基础实验Ⅱ(有机化学实验)(第二版)
蒋华江 朱仙弟 主编

责任编辑	徐 霞	
责任校对	陈静毅 丁佳雯	
封面设计	周 灵	
出版发行	浙江大学出版社	
	（杭州市天目山路 148 号 邮政编码 310007）	
	（网址：http://www.zjupress.com）	
排 版	杭州青翊图文设计有限公司	
印 刷	杭州钱江彩色印务有限公司	
开 本	787mm×1092mm 1/16	
印 张	12.75	
字 数	310 千	
版 印 次	2018 年 1 月第 2 版 2023 年 7 月第 5 次印刷	
书 号	ISBN 978-7-308-17932-4	
定 价	39.80 元	

序

　　近年来,各高等院校为提高实验教学质量,以创建国家、省、市级实验教学中心为契机,通过以创新实验教学体系为突破口,努力探索构建实验教学和理论课程紧密衔接、理论运用与实践能力相互促进的实验教学体系,并取得了成效。为适应高等教育的发展,浙江台州学院于2004年将原归属于医药化工学院的化学、制药、化工、材料类各基础实验室和专业实验室进行多学科合并重组,建立了校级制药化工实验教学中心。此实验中心于2007年获得了省级实验教学示范中心立项。经过几年的探索和实践,实验中心建立了以"基础实验—专业技能实验—综合应用实验—设计研究实验"四个层次为实验主体模块的实验教学体系。

　　在新建立的实验教学体系中,基础实验模块含"基础实验Ⅰ(无机化学实验)""基础实验Ⅱ(有机化学实验)""基础实验Ⅲ(分析化学实验)"三门课程,主要包括"基本操作""物质的制备及基本性质""物质的分离与提纯""物质的分析"四部分内容,旨在通过该模块的实验教学,使各专业学生通过基础实验来理解和掌握必备的基础理论知识和基本操作技能;专业技能实验模块含"中级实验Ⅰ(物理化学实验)""中级实验Ⅱ(现代分析测试技术实验)""中级实验Ⅲ(化学工程实验)"三门课程,主要包括"物理量及参数测定""化工过程参数测定"及"仪器仪表的实验技术及应用"三部分有关测量技术和应用的实验内容,旨在通过该模块的实验教学,使各专业学生通过实验来理解和掌握必备的专业理论知识和实验技能,然后在此基础上提升各专业学生的专业基本技能;综合应用实验模块含"综合实验A(化学、化工、制药类专业)""综合实验B(材料类)"两门课程,该实验模块根据各专业的人才培养方案来设置相应的专业大实验和综合性实验,旨在通过该模块的实验教学,使各专业学生能在教师的指导和帮助下自主运用多学科知识来设计实验方案,完成实验内容,科学表征实验结果,进一步提高其专业基本技能、应用知识与技术的能力、综合应用能力;设计研究实验模块包括课程设计、毕业设计及毕业论文、学生科研等,该模块的实验属于研究设计性实验,学生将设计性实验与毕业论文、科研课题相结合,在教师的指导下进行阶段性系统研究,提高其综合应用能力和科学研究能力,着重培养创业创新意识和能力。

　　上述以四个实验模块为主体构建的实验教学体系经过几年的教学实践已取得了初步成效。为此,在浙江大学出版社的支持下,我们组织编写了这套适用于高等本科院校化

学、化学工程与工艺、制药工程、环境工程、生物工程、材料化学、高分子材料与工程等专业使用的系列实验教材。

　　本系列实验教材以国家教学指导委员会提出的《普通高等学校本科化学专业规范》中的"化学专业实验教学基本内容"为依据，按照应用型本科院校对人才素质和能力的培养要求，以培养应用型、创新型人才为目标，结合各专业特点，参阅相关教材及大多数高等院校的实验条件编写。编写时注重实验教材的独立性、系统性、逻辑性，力求将实验基本理论、基础知识和基本技能进行系统的整合，以利于构建全面、系统、完整、精炼的实验课程教学体系和内容；在具体实验项目选择上除注意单元操作技术和安排部分综合实验外，更加注重实验在化工、制药、能源、材料、信息、环境及生命科学等领域上的应用，结合生产生活实际；同时注重了实验习题的编写，以体现习题的多样性、新颖性，充分发挥其在巩固知识和拓展思维方面的多种功能。

浙江台州学院医药化工学院

第二版前言

我们根据第一版 5 年来的使用情况和存在的不足,做了如下修改:

1. 修正了错误和不准确的内容,总实验项目数由原来的 46 个增加到 54 个。

2. 加强实验基本知识、基本技术的介绍,增加共沸蒸馏实验技术。修改了基本操作中的部分内容,把水蒸气蒸馏单独作为基本操作项目,项目数由原来的 9 个增加为 10 个。

3. 有机化合物合成实验项目按烃、烃衍生物、杂环化合物顺序编排,修改了部分不准确的实验方法,增加双酚 A 制备项目,调整原综合性项目的甲基橙制备及结构表征和从茶叶中提取咖啡因为一般的合成项目,这样合成项目数由原来的 25 个增加为 28 个。

4. 有机化学综合性实验以多种知识、多种技术、多步合成为主线,增补乙酰二茂铁和聚己内酰胺的制备项目,项目数 8 个。

5. 有机化学设计性实验,增加多组分原料"一锅煮法"实验项目。研究性实验,增加取代烷基苯氧化反应的研究项目,项目数各 4 个。

6. 实验习题内容和题量做了大量的修改。

本书修订工作由有机化学教研组全体老师进行,由朱仙弟、蒋华江统稿。限于编者水平,难免存在缺点和错误,请广大教师和读者批评指正。

编　者

2017 年 12 月

第一版前言

　　本教材是"高等院校制药化工材料等专业实验系列教材"之一。本教材共3篇14章：第1篇主要介绍有机化学实验常用反应装置、设备，实验室安全常识和常用化学文献资料等基本知识；第2篇介绍加热、冷却、干燥、分离、提纯及色谱技术，物理常数测定技术，有机化合物结构表征技术，无水无氧实验操作技术；第3篇第10章选编了9个有机化学基本操作实验，第11章选编了25个有机化合物的合成实验，第12章选编了6个综合性实验，第13、14章各选编了3个设计性和研究性实验，最后为实验习题。

　　参加本教材编写工作的有蒋华江（第1篇，第2篇第7、8、9章）、朱仙弟（实验1～9、33～37、39，实验习题和附录）、郭海昌（第2篇第4、5、6章）、金正能（实验10～20）、陈定奔（实验21～32）、吴家守（实验38、40～43）、沈阳（实验44～46）。全书由朱仙弟统稿，蒋华江审核。

　　由于编者水平有限，书中难免会有不当之处，敬请读者指正。

编　者

2012 年 4 月

目　　录

目录

目
录

第1章　有机化学实验室基本常识

Chapter 1　General knowledge of organic chemistry laboratory

1.1　实验室基本要求

有机化学实验开设的目的是，通过本课程的学习，学生掌握有机化学实验的基本操作技术，能独立正确地进行有机物的制备、分离和鉴定，能写出合格的实验报告，养成良好的实验习惯和实事求是的科学态度。为了保证实验课正常、安全、高效地进行，学生必须遵守以下规则：

（1）实验前必须认真预习，按2.1所示的要求写好预习报告。

（2）提前10min穿实验服进入实验室，不得穿背心、短裤、拖鞋等裸露皮肤的服装，绝对禁止将食物带入实验室并在实验室内吸烟、饮食。

（3）熟悉本次实验所用的仪器、药品和设备所在位置，实验操作必须严格注意安全事项及预防方法。

（4）实验时听从老师和实验技术人员的指导，严格按照规定的实验步骤和正确的操作方法，集中思想认真操作，仔细观察，真实、及时、正确地记录各步实验现象。若要更改方案或要求重做实验，须与老师商量并经得同意。

（5）保持实验室安静、整洁，不大声说笑和闲逛。仪器放置合理，公共器材和药品应在指定地点使用。纸屑、碎玻璃等废物投入废物桶内，废酸、废碱、废液等倒入各自指定的容器中，严禁倒入水槽。

（6）实验完毕后，应清洗所有用过的仪器，整理好实验台面，关好水、电，经老师检查同意后方可离开实验室。值日生应负责整理好公用器材和台面卫生，倒净废物，打扫实验室，检查水、电、通风开关是否关闭，关好门窗。

1.2　实验室安全事故的预防和处理

有机化学实验所用的药品大多易燃、易爆、有毒、有腐蚀性，如果粗心大意就容易发生事故，对人体造成一定的伤害，因此，防火、防爆、防毒、防灼伤是进行有机化学实验时非常重要的安全问题，同时，还要注意用电安全。

1.2.1　火灾

因有机化学实验常使用苯、丙酮、乙醚等易挥发、易燃的溶剂，若操作不慎，极易引起着火。为了防止着火，必须随时遵守以下原则：

1. 预防

(1) 易燃、易挥发药品操作时要特别注意：

① 取用易燃、易挥发药品时，应远离火源。

② 不能用敞口容器放置和加热易燃液体，如不能用电炉直接加热烧杯中的易燃物质。

③ 必须用水浴进行加热，切勿使装置密闭，否则会造成爆炸，最好用橡皮管将易燃、易挥发物品引入下水道或抽风口，并注意室内通风，及时将气体排出。

④ 实验室不得存放大量的易燃、易挥发物质，且易燃、易挥发的废物应倒入指定回收容器，不得倒入废物桶或水槽中。

(2) 回流或蒸馏低沸点易燃液体时应注意：

① 瓶内液体量不能超过瓶容积的三分之二。

② 应加沸石等止暴剂，以防止暴沸。若加热后发现漏加，应停止加热，待液体冷却后方可加入。

③ 严禁直接加热；加热速度宜慢，不能快，以免过热。

(3) 用油浴作为加热源时，必须避免冷凝管中的冷凝水渗漏而溅入热油中，致使热油溅到明火而引起火灾。闪点指液体表面的蒸气和空气混合物在遇到明火或火花时着火的最低温度。表 1-1 列出了常见的有机试剂的闪点。

表 1-1　常见有机试剂的闪点

名称	沸点/℃	闪点/℃	名称	沸点/℃	闪点/℃
石油醚	40～60	−45	甲醇	64.7	10
苯	80.1	−11	95%乙醇	78.5	12
甲苯	110.6	4.4	乙醚	34.5	−40
二硫化碳	46	−30	丙酮	56.5	−20

2. 处理

一旦着火，应沉着镇静，并及时采取正确的措施，以免事故扩大。

(1) 首先，立即切断电源，移走易燃物。然后，根据易燃物的性质和火势采取适当的方法进行扑救。小火可用湿布或石棉盖灭，火势大时应用灭火器扑救，大多数情况下严禁用水灭火。

(2) 地面或桌面着火时，还可用沙子盖灭。

(3) 衣服着火，小火时用湿布盖灭或小心地把衣服脱下将火熄灭。火势较大时，应就近躺在地上打滚（速度不要太快），将火焰扑灭。要注意保护好头部。千万不要在实验室内乱跑，以免造成更大的火灾。表 1-2 列出了常见灭火器的适用范围。

表 1-2　常见灭火器适用范围

类型	药液成分	适用范围
酸碱式灭火器	H_2SO_4，$NaHCO_3$	非油类和电器失火
泡沫灭火器	$Al_2(SO_4)_3$，$NaHCO_3$	普通可燃物，如生活垃圾、木材、橡胶、衣服和塑料等失火
二氧化碳灭火器	液态 CO_2	电器失火
干粉灭火器	$NaHCO_3$，硬脂酸铝，云母粉，滑石粉等	可燃性液体、气体、油类等失火
1211 灭火器	CF_2ClBr 液化气体	特别适用于油类、有机溶剂、精密仪器、高压电器设备失火
四氯化碳灭火器	液态 CCl_4	电器设备、小范围汽油、丙酮等失火，不能用于钠、钾等活泼金属失火

1.2.2　爆炸

有机化学实验室中，发生的爆炸事故一般有两种：其一，过氧化物、重金属乙炔化物、三硝基甲苯、重氮化合物等易爆物质，在受热或重压撞击时，发生爆炸。其二，仪器安装不正确或操作不当时，也可引起爆炸。为了防止爆炸事故的发生，预防措施如下：

（1）蒸馏装置必须正确。选用的仪器不能有破损。常压蒸馏时，应使装置与大气相通，不能处于密闭状态；减压蒸馏时，所用仪器必须为耐压容器。无论常压蒸馏还是减压蒸馏，均不能将瓶内液体蒸干，以免局部过热或产生过氧化物而发生爆炸。

（2）勿使易燃、易爆物质接近火源。

（3）对于易爆固体使用后的残渣，须小心销毁。例如，重金属乙炔化物可用浓盐酸或浓硝酸分解；重氮化合物可加水煮沸分解等。

（4）当反应过于激烈时，应适当控制加料速度和反应温度，必要时采取降温措施。

（5）使用乙醚等醚类时，必须先检查有无过氧化物存在，检查和除去方法可参考有关文献资料。

（6）使用可燃性气体时，严防泄漏，与火源保持一定的距离，用后要关闭阀门。表 1-3 给出了常见易燃物质蒸气在空气中的爆炸极限。

表 1-3　常见易燃物质蒸气在空气中的爆炸极限

名称	爆炸极限(体积分数)/%	名称	爆炸极限(体积分数)/%
氢气	4.1～74.2	乙醚	1.9～36.5
乙炔	2.4～82	甲醇	6.7～36.5
一氧化碳	12.5～74	乙醇	3.5～18
苯	1.5～8	丙酮	2.6～12.8

1.2.3　中毒

中毒主要是通过呼吸道和皮肤接触有毒物品而对人体造成危害。因此,预防中毒应做到:

（1）取用有毒药品时必须戴橡皮手套,不得直接用手接触,操作后即洗手。

（2）在反应过程中生成有毒或有腐蚀性气体的实验应在通风橱内进行,实验开始后不要把头伸入橱内,实验后的器皿应及时清洗。

如发生中毒现象,应及时离开现场,到通风好的地方呼吸新鲜空气,严重者应及时送往医院。

1.2.4　灼伤

皮肤接触了高温、低温或腐蚀性药品之后均可能被灼伤。为了避免灼伤,在进行这些操作时,最好戴上橡胶手套和防护眼镜。发生灼伤时应按下列要求处理:

1. 酸灼伤

（1）皮肤:立即用大量水冲洗,然后用5％的$NaHCO_3$溶液清洗,最后涂上烫伤膏,包好伤口。

（2）眼睛:抹去溅在眼睛外面的酸,立即用水冲洗,然后用洗眼杯清洗,或用橡皮管用慢水对准眼睛冲洗后,即到医院就诊,或再用稀$NaHCO_3$溶液清洗,最后滴入少许蓖麻油。

（3）衣服:依次用水、稀氨水和水冲洗。

（4）地板:撒上石灰粉,再用水冲洗。

2. 碱灼伤

（1）皮肤:先用大量水冲洗,再用饱和硼酸溶液或1％的醋酸溶液冲洗,然后再用水冲洗,最后涂上烫伤膏,并包扎好。

（2）眼睛:抹去溅在眼睛外面的碱,用水冲洗,再用饱和硼酸溶液清洗后,滴入蓖麻油。

（3）衣服:先用水洗,然后用10％醋酸溶液洗涤,再用稀氨水中和多余的醋酸,最后用水冲洗。

3. 溴灼伤

先用大量的水冲洗,再用酒精擦洗,直到灼伤处呈白色,然后涂上甘油加以按摩。如眼睛受到溴蒸气的刺激,暂时不能睁开时,可对着盛有酒精的瓶口注视片刻。

4. 烫伤

被热水烫伤后一般在患处涂上红花油,然后擦烫伤膏。

5. 割伤

先取出伤口处的玻璃碎片,在伤口处涂上红药水或紫药水,撒些消炎粉并包扎。也可在洗净的伤口处贴上创可贴止血。

1.3 实验室常见安全警示标识

爆炸物标识　　　　易燃物标识　　　　氧化剂标识　　　　有毒物标识

腐蚀品标识　　　　杂物类标识　　　感染性物品标识　　远离食品标识

当心腐蚀　　　　当心中毒　　　　当心火灾　　　　当心爆炸

当心电离辐射　　　危险废物　　　戴防毒面具　　　戴防护眼镜

1.4 常用玻璃仪器、反应装置与设备

1.4.1 常用玻璃仪器

1. 普通玻璃仪器

有机化学实验室常用的普通玻璃仪器有烧杯、吸滤瓶、普通漏斗、布氏漏斗、分液漏斗等,如图 1-1 所示。

烧杯	普通漏斗	布氏漏斗	保温漏斗
吸滤瓶	锥形瓶	分液漏斗	量筒

图 1-1　常用普通玻璃仪器

2. 标准磨口玻璃仪器

常用的标准磨口玻璃仪器有圆底烧瓶、三口烧瓶、冷凝管、蒸馏头、接引管等,如图1-2所示。

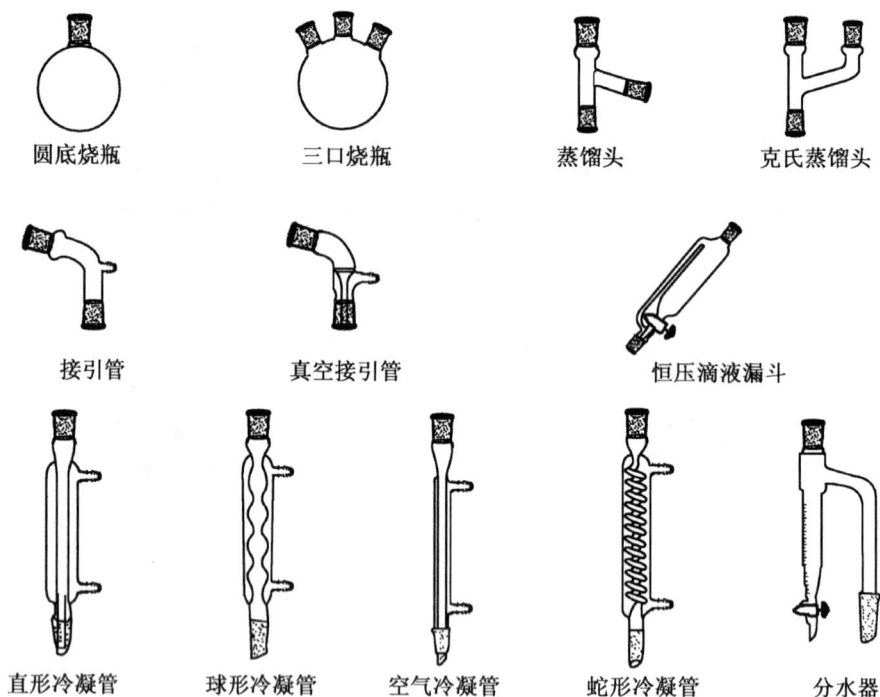

圆底烧瓶	三口烧瓶	蒸馏头	克氏蒸馏头
接引管	真空接引管	恒压滴液漏斗	
直形冷凝管	球形冷凝管	空气冷凝管	蛇形冷凝管	分水器

图 1-2　常用标准磨口玻璃仪器

标准磨口玻璃仪器使用注意事项有:

(1) 标准口塞应保持清洁,使用前宜用纸巾擦拭干净。

(2) 一般使用时,磨口处无须涂凡士林,以免沾污反应物或产物。反应中使用强碱时,则要涂凡士林,以免磨口连接处因碱腐蚀而黏结在一起,无法打开。减压蒸馏时,磨口连接处涂一层薄的真空润滑脂,以保证装置密封。

（3）装配时,把磨口和磨塞轻微地对旋连接,不宜用力过猛,也不要装得太紧,只要润滑密闭即可。

（4）用后应立即拆卸洗净,否则连接处常会粘牢,以致拆卸困难。

（5）装拆时应注意相对角度,不能在角度有偏差时进行硬性装拆,否则极易造成破损。

1.4.2　常用反应装置

有机化学实验的各种反应装置都是由一件件标准磨口玻璃仪器组装而成的,反应装置应根据实验要求组装。常用反应装置如下。

1. 回流装置

在室温下,有些反应的反应速率很慢或难以进行,为了使反应尽快进行,并使反应物质较长时间保持沸腾,这时就需要回流冷凝装置,使蒸气不断地在冷凝管内冷凝而返回反应瓶中,以防反应瓶中的物质逃逸损失。常用加热回流装置如图 1-3 所示。

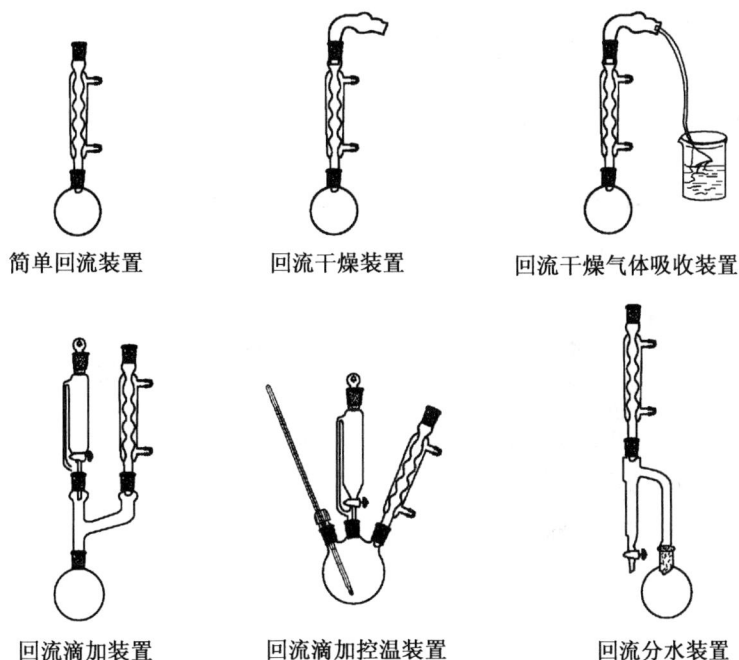

简单回流装置　　　　回流干燥装置　　　　回流干燥气体吸收装置

回流滴加装置　　　回流滴加控温装置　　　回流分水装置

图 1-3　回流装置

2. 机械搅拌装置

当固体与液体、互不相溶的液体及反应物之一要逐滴加入时,为了使反应物之间能充分接触,在较短的时间内得到更多的产物,必须进行强烈的搅拌。常用的机械搅拌装置如图 1-4 所示。

搅拌回流控温装置　　　　搅拌回流滴加装置　　　　搅拌回流滴加控温装置

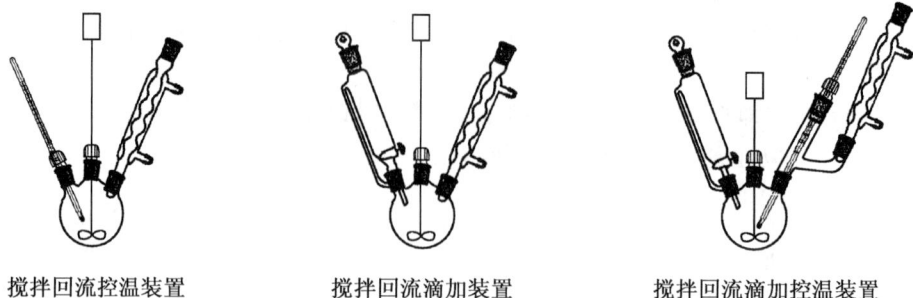

图 1-4　机械搅拌装置

1.4.3　常用电器设备

1. 气流烘干器

气流烘干器是一种用于快速干燥的仪器设备,如图 1-5 所示。使用时,将仪器洗干净,沥干水分后套在多孔金属管上 5~10min 即可。注意:气流烘干器不宜长时间加热,以免烧坏电机和电热丝。

2. 电热套

电热套是用玻璃纤维丝和电热丝编织成的半圆形内套,外边有塑料外壳,中间填有保温材料,如图 1-6 所示。使用时将烧瓶置于半圆形内套中,但不要贴在内套壁上。因是利用热气流对烧瓶加热,故加热效率较高,使用安全。注意:不要将药品洒在电热套中,以免加热时药品挥发污染环境,或令电热丝被腐蚀而易断裂,从而损坏设备。

图 1-5　气流烘干器　　　　　　图 1-6　电热套

3. 烘箱

实验室经常使用的是恒温鼓风干燥箱,如图 1-7 所示,主要用于干燥玻璃仪器与无腐蚀性、高稳定性的药品。使用时先调节好温度,然后放入仪器或药品。注意:玻璃仪器应洗净并将水沥干后再放入,带旋塞的应取下塞子,温度一般设定在 100~110℃。

有机药品干燥通常使用真空干燥箱,如图 1-8 所示。由于在真空下加热,干燥速度大大加快。此装置适用于一些熔点较低或在高温下容易分解的药品。

图 1-7　恒温鼓风干燥箱　　　　　图 1-8　真空干燥箱

4. 搅拌器

搅拌器一般用于反应时搅拌液体反应物,常用的有电动搅拌器、磁力搅拌器和集热式恒温磁力搅拌器。

（1）电动搅拌器

电动搅拌器如图 1-9 所示。使用时,先将搅拌棒与电动搅拌器连接好,再将搅拌棒用套管或塞子与反应瓶固定好。搅拌棒与套管的固定一般用乳胶管,乳胶管不要太长也不要太短,以免搅拌棒由于摩擦而转动不灵活或密封不严。在开动搅拌器前,应用手先空试搅拌器转动是否灵活,如不灵活应找出摩擦点,进行调整,直至转动灵活。若是电机问题,则向电机的加油孔中加一些机油以保证电机转动灵活,或更换新电机。

（2）磁力搅拌器

磁力搅拌器(图 1-10)能在完全密封的装置中进行搅拌,它是由电机带动磁体旋转,磁体又带动反应器中的磁子旋转,从而达到搅拌的目的。磁力搅拌器一般都带有温度和速度控制旋钮。使用时应注意防潮防腐,用毕应将旋钮回零。

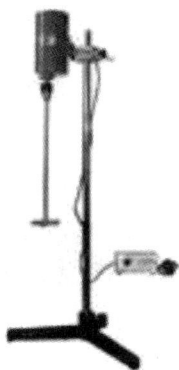

图 1-9　电动搅拌器　　　　　图 1-10　磁力搅拌器

（3）集热式恒温磁力搅拌器

集热式恒温磁力搅拌器(图 1-11)是集电动搅拌器、磁力搅拌器、调速器、加热器、温控仪五种仪器的功能于一体的设备。使用时,将要搅拌的溶液盛放在烧瓶或烧杯中,放入搅拌子,置于不锈钢容器的中间,往不锈钢容器中加入导热液(如水、油等)。开启电源,打开调速开关,将调速器数字从小转到大,转速由慢到快。若要加热,连接温控仪探头,将温

控仪固定在支架上,探头插入溶液中(不要碰到搅拌子),打开加热开关,设定到所需温度,即开始工作。注意:加热时间不宜过长,中速转动可连续工作 8 小时,高速转动可连续工作 4 小时;没有加入导热液和没有连接温控仪时,不要开启加热开关,以免损坏电热管和恒温表;长时间不用时,应擦拭干净,放在干燥通风处。

5. 旋转蒸发器

旋转蒸发器(图 1-12)是由一台电机带动的可旋转的蒸发器(一般用圆底烧瓶)、高效冷凝管、接收瓶等组成。它可用来回收、蒸发有机溶剂。旋转蒸发器可在常压或减压下使用,可一次进料,也可分批进料。由于蒸发器在不断旋转,可免加沸石,同时,液体附于瓶壁上形成了一层液膜,加大了蒸发面积,使蒸发速度加快。使用时应注意:

(1)减压蒸发时,当温度高、真空度低时,瓶内液体可能会暴沸。此时,及时转动插管开关,通入冷空气降低真空度即可。对于不同的物料,应找出合适的温度与真空度,以平稳地进行蒸馏。

(2)停止蒸发时,先停止加热,再放空,最后停止抽真空。若烧瓶取不下来,可趁热用木槌轻轻敲打,以便取下。

图 1-11 集热式恒温磁力搅拌器

图 1-12 旋转蒸发器

6. 手套箱

手套箱(图 1-13)是将高纯惰性气体充入箱体内,并循环过滤掉其中活性物质的实验室设备,也称真空手套箱、惰性气体保护箱等。其广泛应用于无水、无氧、无尘的超纯环境中。它有一个大的箱体或空腔,至少有一扇窗口,窗口有两个或多个区域,每个区域都安装了手套。手套箱中可以放置或安装一些常规使用的仪器和设备。使用时,将手伸进手套,戴着它在操作箱中执行任务,这样就不会破坏密闭的空间环境。

图 1-13 手套箱

7. 真空泵

(1)循环水多用真空泵

对于真空度要求不高的减压体系,可选用循环水多用真空泵(图 1-14)。它是以循环水作为流体,利用射流产生负压的原理而设计的一种新型多用真空泵,广泛用于蒸发、蒸馏、结晶、过滤、减压、升华等操作中。使用时应注意：

① 真空泵抽气口最好接一个缓冲瓶，以免停泵时水被倒吸入反应瓶中导致反应失败。

② 开泵前，应先检查与体系是否连接好，然后打开缓冲瓶上的旋塞。开泵后，用旋塞调至所需要的真空度。关泵时，先打开缓冲瓶上的旋塞，然后拆掉与体系的接口，再关泵；反之，则会引起倒吸。

③ 应经常补充和更换水泵中的水，以保持水泵的清洁和真空度。

（2）机械油泵

对于真空度要求较高的减压体系，则选用机械油泵（图 1-15）。机械油泵的效能取决于泵的结构和油的好坏（油的蒸气压越低越好）。使用机械油泵进行减压蒸馏时，溶剂、水和酸性气体不仅可以令泵体腐蚀，而且也会对油造成污染，使油的蒸气压增加，降低真空度。为了保护机械油泵，使用时应做到：

① 定期检查、换油，注意防潮防腐蚀。

② 在泵与体系之间安装气体吸收设备，内置保护材料。如用石蜡片吸收有机物，硅胶吸收微量水，氢氧化钠固体吸收酸性物质，氯化钙吸收水汽，冷阱截留被冷凝的杂质。

图 1-14　循环水多用真空泵

图 1-15　机械油泵

8. 超声波清洗器

超声波清洗器（图 1-16）是利用超声波发生器所发出的交频信号，通过换能器转换成交频机械振荡而传播到清洗液中，强力的超声波在清洗液中以疏密相间的形式向被洗物件辐射产生"空化"现象，即在清洗液中形成"气泡"，产生破裂现象，"空化"在达到清洗物件表面破裂的瞬间，产生远超过 100MPa 的冲击力，致使物体的面、孔、隙中的污垢被分散、破裂及剥落，使物体达到净化清洁。超声波清洗器主要用于小批量的清洗、脱气、混匀、提取、有机合成、细胞粉碎等。

图 1-16　超声波清洗器

9. 气体钢瓶

实验室所用气体一般以高压状态储存在气体钢瓶(图 1-17)中。气体钢瓶应存放于阴凉、干燥、远离热源的地方,最好能存放在单独的小屋中,用导管将气体引入实验室。使用时,要严格遵守有关规程进行操作,避免因气体泄漏、误用而造成事故。高压气体钢瓶的种类可由其颜色加以辨认,见表 1-4。

表 1-4 高压气体钢瓶颜色与标志

名称	瓶体颜色	字样	字样颜色	名称	瓶体颜色	字样	字样颜色
氢气	深绿色	氢	红	氯气	草绿色	氯	白
氧气	天蓝色	氧	黑	氨气	黄色	氨	黑
氮气	黑色	氮	黄	压缩空气	黑色	压缩空气	白
纯氩气	银灰色	纯氩	绿	二氧化碳	黑色	二氧化碳	黄
乙炔	白色	乙炔	红	石油气	灰色	石油气体	红

10. 减压表

使用气体钢瓶要用减压表(图 1-18)。减压表由指示钢瓶压力的总压力表、控制压力的减压阀和减压后的分压力表三部分组成。操作时,先将减压阀旋到最松位置(即关闭状态),然后打开钢瓶的气阀门,总气压表上显示瓶内气体的压力,慢慢旋紧减压阀,使分压力表达到所需的压力。用毕,先关紧钢瓶的气阀门,等总压力表和分压力表的指针复原到"0"时,再旋松减压阀。

图 1-17 气体钢瓶

图 1-18 减压表

第2章　实验预习、实验记录和实验报告

Chapter 2　Experimental preview，record and report

2.1　实验预习

在做每一个实验前学生必须仔细阅读有关教材中关于本次实验的全部内容，了解实验目的、原理、操作步骤、注意事项，查阅相关手册或其他参考书，明白本次实验要做什么，怎样做，为什么要这样做，最后能学到哪些实验技术，所用玻璃仪器的名称、用途及正确的使用方法等。准备一本实验预习本，预习内容应包括：

1. 实验目的

写出本次实验要达到的主要目的，参见 2.4 中的"一、"。

2. 实验原理

用简洁的语言概括本次实验的操作原理，对于制备实验，则写出主反应和重要的副反应方程式，参见 2.4 中的"二、"。

3. 主要试剂和产物的物理常数

用表格列出本次实验所用主要试剂、产物及主要副产物的物理常数、用料用量、产物的理论产量，参见 2.4 中的"三、"。

4. 实验装置图

用铅笔准确而清楚地画出本次实验主要仪器装置图，并标明仪器装置名称，参见 2.4 中的"四、"。

5. 实验步骤

用流程图的形式画出整个实验的流程。如乙酸乙酯制备实验的流程图如下：

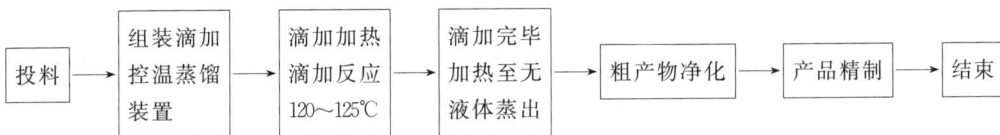

投料 → 组装滴加控温蒸馏装置 → 滴加加热滴加反应 120～125℃ → 滴加完毕加热至无液体蒸出 → 粗产物净化 → 产品精制 → 结束

6. 实验注意事项

写出本次实验成功的关键点、难点，实验中有哪些安全问题，参见 2.4 中的"七、"。

2.2　实验记录

实验记录是科学研究的第一手资料，记录的好坏直接影响对实验结果的分析，因此，必须养成一边实验一边直接在记录本上做记录的习惯，不许实验后凭记忆补写，或用零星纸条暂记再转抄。好的记录，不仅自己现在能看懂，甚至几年后也能看懂，而且他人也能看懂，宁可多记录一些，也要不漏记。记录内容包括实验时间、试剂规格和用量、仪器名称

型号及厂家、步骤与方法、现象和备注。步骤与方法的记录要简明扼要,条理清楚,可操作性强;现象与步骤要一一对应,现象记录包括溶解情况、颜色变化、有无气体出现及有无沉淀等,特别要注意,当实验现象与理论或预期不一致时,要按实际情况记录清楚,以便作为讨论的依据。整个记录要求书写整齐、字迹清楚。如果写错了,可以用笔勾掉,但不能涂抹或用橡皮擦掉。具体记录方法参见 2.4 中的“五、”。

2.3 实验报告

实验完成后,整理相关资料,按一定的格式及时写出实验报告。实验报告要求文字精练、条理清楚、书写工整、图表准确清晰、讨论认真。报告内容应包括:

(1) 实验目的。

(2) 实验原理。

(3) 主要试剂和产物的物理常数。

(4) 实验装置图。

(5) 实验步骤和现象。

(6) 实验结果。包括产品的状态、气味、颜色、质量、产率及测试数据。

(7) 注意事项。

(8) 问题与讨论。对实验后的思考题及实验过程中的有关现象进行解答与分析。

(9) 参考文献。列出为完成本实验及报告所查阅的书籍、期刊及网络文献。参考文献书写格式举例如下:

参考文献

[1] 王箴. 化工辞典[M]. 4 版. 北京:化学工业出版社,2000.

[2] McMurry J, Simanek E. Fundamentals of organic chemistry[M]. Belmont:Thomson Learning Brooks/Cole,2004.

[3] 刘诗咏,吴家守,蒋华江,等. 正电性磁性氧化铁胶粒负载钯催化的 Suzuki 偶联反应[J]. 有机化学,2009,29(10):1587-1592.

[4] Klánová J, Klán P, Nosek J, et al. Environmental ice photochemistry:monochlorophenols [J]. Environ Sci Technol, 2003, 37(8):1568-1574.

[5] 著者. 文章名[EB/OL]. [下载年-月-日]. 网页地址.

注意:三个作者后用“,等”或“,et al.”;文献类型标识码为:专著[M],论文集[C],期刊[J],学位论文[D],报告[R],标准文献[S],专利文献[P],电子网络文献[EB/OL];网络文献一定要有下载日期。

2.4 实验报告示例

乙酸乙酯的制备

Preparation of ethyl acetate

一、实验目的(Experimental objectives)

1. 学习用有机酸合成酯的一般原理及方法。

2. 掌握滴加、回流、控温、蒸馏操作及分液漏斗的使用方法。

二、实验原理（Experimental principle）

以冰醋酸和乙醇为原料、浓硫酸为催化剂制备乙酸乙酯的主反应为

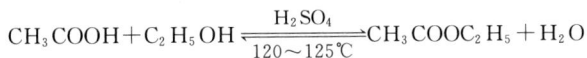

$$CH_3COOH + C_2H_5OH \underset{120\sim125℃}{\overset{H_2SO_4}{\rightleftharpoons}} CH_3COOC_2H_5 + H_2O$$

可能存在的副反应有

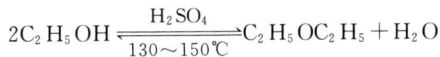

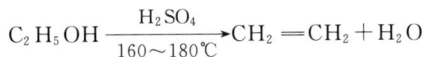

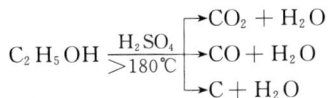

$$2C_2H_5OH \underset{130\sim150℃}{\overset{H_2SO_4}{\rightleftharpoons}} C_2H_5OC_2H_5 + H_2O$$

$$C_2H_5OH \underset{160\sim180℃}{\overset{H_2SO_4}{\longrightarrow}} CH_2 = CH_2 + H_2O$$

$$C_2H_5OH \underset{>180℃}{\overset{H_2SO_4}{\longrightarrow}} \begin{cases} CO_2 + H_2O \\ CO + H_2O \\ C + H_2O \end{cases}$$

三、主要试剂和产物的物理常数（Physical constants for main reagents and products）

名称	规格	相对分子质量	相对密度/（g/cm³）	熔点/℃	沸点/℃	溶解度/（g/100g 溶剂）	用量或理论产量
乙醇	分析纯	46	0.79	114.3	78.4	水中∞	9.5mL(0.2mol)
乙酸	分析纯	60	1.05	16.6	117.9	水中∞,醇中∞	6mL(0.1mol)
浓硫酸	分析纯	98	1.84	10	338	水中∞	2.5mL
硫酸镁	分析纯	120	2.66	1124	/	溶于水和醇	适量
乙酸乙酯	/	88	0.90	−83	77	微溶于水,醇中∞	8.8g

四、实验装置（Experimental apparatus）

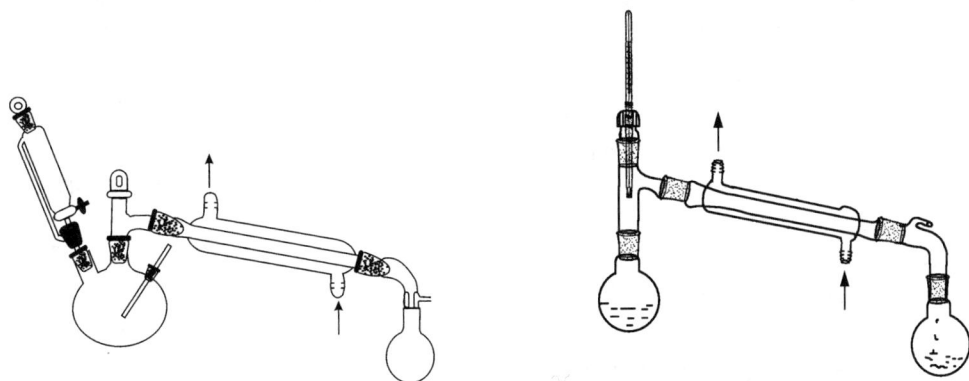

（a）滴加控温蒸馏装置   （b）蒸馏装置

图 2-1　实验装置

五、实验步骤和现象(Experimental procedure and observations)

时间	实验步骤	现象	备注
8:20	1. 投料 　　在 100mL 三口烧瓶中加入 6mL 95% 乙醇,分次加入 3mL 浓硫酸,不断摇动,使其混合均匀,再加几粒沸石。恒压滴液漏斗中加入 6mL 95% 乙醇及 6mL 冰醋酸。	放热。	分四次加浓硫酸,边加边摇,放热厉害时,用冷水冷却三口烧瓶。
8:40	2. 组装反应装置(图 2-1(a))		固定夹拧紧。 温度计水银球在液面以下。
9:00	3. 反应 　　先从滴液漏斗中滴加 3～4mL 混合液,然后慢慢加热,使反应液温度升至 120～125℃,把蒸出的液体倒回滴液漏斗。开始滴加其余的混合液,控制滴加速度与蒸出速度大致相等,并维持反应温度在 120～125℃。 　　滴加完毕,继续加热,直到不再有液体蒸出为止。	液体微沸,瓶中有白雾。 温度升高,130℃ 时没有液体蒸出。	加热不能太快。
10:00	4. 粗产品净化 　　往馏出液中慢慢滴加饱和 Na_2CO_3,并不断振荡,至不再有 CO_2 气体产生为止。 　　然后将混合液转入分液漏斗,分去下层水溶液,留上层有机层。 　　有机层依次用 5mL 饱和 NaCl、5mL 饱和 $CaCl_2$、5mL 水洗涤。 　　最后将有机层倒入干燥三角烧瓶中,用无水 $MgSO_4$ 干燥,加塞,放置约 0.5h,并间歇振荡。	随着 Na_2CO_3 溶液加入,开始气泡多,后来气泡不明显,分层。 分液漏斗下层有白色固体,产物均在上层,浑浊不透明。 $MgSO_4$ 贴在底部,液体变为澄清透明	上层为产物。 是氯化钠固体,可加少量水使之溶解,以便分去下层。
11:00	5. 产品精制 　　小心将液体转入干燥的 50mL 蒸馏烧瓶中,加入少许沸石,按图 2-1(b)装置进行蒸馏,收集 72～78℃ 馏分。	72℃ 前有少量馏出液,72～78℃ 馏出液较多,78℃ 后温度下降一点,瓶中液体很少,停止蒸馏。	蒸馏装置所有部件事先干燥好。
11:30	6. 结束 　　观察外观,称量。	无色透明液体,有水果香味,产量 6.7g。	回收。

六、实验结果(Experimental results)

乙酸乙酯,无色透明液体,有水果的香味,收集沸程 72～78℃,产量 6.7g,产率 76.1%。

七、注意事项(Key notes)

(1) 在加浓硫酸时,应分批加,边加边摇使其均匀(或用水冷却烧瓶),防止局部受热炭化。

(2) 开始加热时火力不能太猛,滴加过程尽可能使蒸出速度与滴加速度相等,并注意温度控制在 120～125℃。

（3）在馏出液中加入 Na_2CO_3 时，若产生气体不明显，可用紫色石蕊试纸检测，Na_2CO_3 加至混合液不显酸性为止。

（4）最后一次水洗后，一定要将水层彻底分去，否则下一步要加更多干燥剂。使用过多的干燥剂会因其吸附较多产物而造成损失。

（5）产品精制时，不要将干燥剂固体转入蒸馏烧瓶中。

八、问题与讨论（Questions and discussion）

1. 当有机层用饱和碳酸钠洗过后，若紧接着就用饱和氯化钙溶液洗涤，有可能会产生絮状的碳酸钙沉淀，使进一步分离变得很困难，故在两步之间必须加一步用水洗一下，以除去留下的碳酸钠。由于乙酸乙酯在水中有一定的溶解度，为了尽可能减少乙酸乙酯的损失，所以实验用饱和氯化钠溶液来代替水洗。

2. 乙酸乙酯与水形成沸点为 70.4℃ 的二元共沸混合物（含水 8.1％）；乙酸乙酯、乙醇与水形成沸点为 70.2℃ 的三元共沸混合物（含水 9％，乙醇 8.4％）。如果在蒸馏前不把乙酸乙酯中的乙醇和水除尽，就会有较多的前馏分。

参考文献（References）

[1] 高占先. 有机化学实验[M]. 4 版. 北京：高等教育出版社，2004.

[2] 曾昭琼. 有机化学实验[M]. 3 版. 北京：高等教育出版社，2000.

第3章 有机化学常用文献资料

Chapter 3 Primary literature of organic chemistry

在进行有机化学实验之前,对于反应物和产物的物理常数,实验过程中用到的溶剂、干燥剂等物质的物理和化学性质,可能发生的主、副反应和产生的副产物等,可通过查阅有机化学工具书和常用文献来了解,这样才能够设计出更好的实验方案来制备、分离、提纯、检验和鉴别产物。

3.1 化学常用工具书

(1) 王箴.化工辞典[M].4版.北京:化学工业出版社,2000.

该书是一本综合性化学化工类工具书。内容包括化学矿物、无机化学品、有机化学品及常见名词。有机化合物的条目内列分子式、结构式、物理常数、溶解度、应用、来源和制备方法的介绍。

(2) 黄天守.化学化工药学大辞典[M].台北:台北大学图书公司,1982.

该书取材广泛,收录近万个化学、医药及化工等常用化合物名词,按名词的英文字母顺序排列。每一名词各自成一独立单元,其内容包括组成、结构、制法、性质、用途(含药效)及参考文献等。

(3) O'Neil M J, et al. The merck index:an encyclopedia of chemicals, drugs and biologicals[M]. 14th edition. New Jersey:Merck and Co Inc,2006.

该索引原为 Merck 公司的药品目录,经反复修改,现成为一本化学药品、药物和生理活性物质的百科全书。条目中包括化合物的名称、商品代号、结构式、来源、物理常数、性质、用途、毒性及参考书等。

(4) Weast R C. The handbook of chemistry and physics[M]. 81th edition. Florida:CRC Pree(化学及物理手册).

该手册共分为六大部分,各部分内容如下:

A 部分:数学用表及基本数学公式;

B 部分:元素及无机化合物;

C 部分:有机化合物;

D 部分:普通化学常数,包括二元和三元体系的恒沸点、热力学常数、缓冲溶液的 pH 值等;

E 部分:普通物理常数,如导热性、介电常数、折射率等;

F 部分:其他杂项,如表面张力、黏度、临界压强和临界温度等。

3.2 化学期刊

目前世界各国出版的有关化学的期刊数目众多,仅《科学引文索引(SCI)》中所收录的与化学有关的期刊就有 1000 多种,这里仅介绍与有机化学有关的重要中外文期刊。

3.2.1　国内主要期刊

(1)《中国科学》,月刊,英文名为 *Scientia Sinica*。1951 年创刊(1951—1966;1973—)。原为英文版,自 1973 年开始出成中文和英文两种文字版本。主要刊登我国各自然科学领域中的研究成果,分 A、B 两辑,B 辑主要刊登化学、生命、地学方面的学术论文。

(2)《科学通报》,半月刊,1950 年创刊,是自然科学综合性学术刊物,分中、英文两种版本。

(3)《化学学报》,月刊,1933 年创刊,主要刊登化学方面的学术论文。

(4)《有机化学》,双月刊,1981 年创刊,刊登有机化学方面的重要研究成果等。

(5)《高等学校化学学报》,月刊,1980 年创刊,主要刊登我国高等院校师生创造性的研究成果和化学学科的最新研究成果。

(6) *Chinese Chemical Letter*(《中国化学快报》),月刊,1990 年创刊,刊登化学学科各领域重要研究成果的简报。

3.2.2　国外主要期刊

(1) *Journal of the American Chemical Society*(《美国化学会志》),简称 J. Am. Chem. Soc. ,1879 年创刊,周刊,刊载包括无机化学、有机化学、物理化学、生物化学、高分子化学等领域的研究论文和快报。

(2) *Journal of Organic Chemistry*(《有机化学杂志》),简称 J. Org. Chem. ,1936 年创刊,双周刊,主要刊载有机化学方面的研究论文。

(3) *Journal of Organometallic Chemical Society*(《有机金属化学杂志》),简称 J. Organomet. Chem. ,主要刊载金属有机化学方面的文章。

(4) *Journal of the Chemical Society*(《英国化学会志》),简称 J. Chem. Soc. ,1849 年创刊,双周刊,刊载化学方面的研究论文与快报,分 6 辑出版。

(5) *Chemistry，A European Journal*(《欧洲杂志化学》),简称 Chem. Eur. J. ,1995 年创刊,综合报道化学方面的研究论文。

3.3　化学文摘

世界上每年发表的化学、化工论文达几十万篇,该如何将如此大量、分散的文章的文献加以收集、整理、摘录、分类,以便于查阅?《化学文摘》就是处理这种工作的杂志。美国、德国、俄罗斯、日本都出版有关化学文摘性的刊物,其中以美国《化学文摘》最为重要,对其简单介绍如下:

美国《化学文摘》(*Chemical Abstracts*,简称 C. A.),1907 年创刊。从 1967 年第 67 卷开始,每逢单期号刊载生物化学类和有机化学类内容,而逢双期号刊载高分子化学、应用化学与化工、物理化学与分析化学的内容。

C. A. 包括两部分内容:

(1)从资料来源刊物上将一篇文章按一定格式缩减为一篇文摘,再按索引词字母顺序编排,一篇文摘占有一条顺序编号。

(2) 索引部分。其目的是用最简便、最科学的方法既全面又快速地找到所需资料的摘要,若有必要再从摘要列出的来源刊物寻找原始文献。

C. A. 的优点在于从各方面编制各种索引,使读者省时、全面地找到所需要的资料,因此,掌握各种索引的检索方法是查阅 C. A. 的关键。

3.4 网络资源

常用化学网址如下:

(1) 中国化学会 http：//www. ccs. ac. cn

(2) 中国科学院科学数据库网站 http：//www. sdb. ac. cn

(3) 中国科学院国家科学图书馆网站 http：//www. las. ac. cn

(4) 中国国家科学数字图书馆化学学科信息门户网站 http：//www. chinweb. com. cn

(5) 中国化工信息网 http：//www. cheminfo. gov. cn

(6) 中国化工网 http：//china. chemnet. com

(7) Chemistry Web Book 网站 http：//webbook. nist. gov/chemisry

(8) CHIN 网站 http：//www. chin. icm. ac. cn

(9) 化学在线 http：//www. chemonline. net

(10) 中国专利信息网 http：//www. patent. com. cn

(11) 美国化学文摘 http：//info. cas. org/

(12) 美国专利商标局 http：//www. uspto. gov

(13) 欧洲专利局 http：//www. european-patent-office. org/index. en. php

第4章　玻璃仪器的清洗、干燥、装配与拆卸

Chapter 4　Glassware cleaning, drying, assembling and disassembling

4.1　玻璃仪器的清洗

使用洁净的仪器是实验成功的一个重要条件,也是有机化学实验工作者应有的良好习惯。使用不干净的仪器,会影响实验效果,甚至让实验者观察到错误现象,归纳、推理出错误的实验结论。因此,有机化学实验使用的玻璃仪器必须及时清洗干净。

洗涤玻璃仪器的方法很多,应根据实验要求、污物性质和污染程度来选择合适的洗涤方法。常见的洗涤方法有以下几种:

1. 常规洗涤

用毛刷蘸上适量的去污粉洗刷,然后用清水冲洗干净,必要时可重复数遍,如果实验对仪器的洁净度要求较高,最后可用去离子水或蒸馏水淋洗数次。

2. 铬酸洗液洗涤

滴定管、移液管、容量瓶等容量仪器及用去污粉、洗衣粉、强酸或强碱洗刷不掉的玻璃仪器,用铬酸洗液洗涤。洗涤时,先把仪器中的水倒尽,然后缓缓倒入洗液,让洗液充分地润湿有残渣的地方,最后把洗液倒回原来的铬酸洗液瓶中,或将仪器浸泡在洗液中一段时间,用清水把仪器冲洗干净。

3. 特殊污垢的洗涤

对于某些污垢,用通常的方法不能除去时,则根据污垢性质选择合适的试剂,通过化学反应将黏附在器壁上的物质转化为水溶性物质,但要注意产生化学反应时的安全状况。如有机反应残留的是胶状或焦油状有机物,可用低规格或回收的有机溶剂浸泡,一般油污及有机物可用含 $KMnO_4$ 的 $NaOH$ 溶液处理。

4. 超声波洗涤

在超声波清洗器中放入需要洗涤的仪器,再加入合适的洗涤剂和水,利用超声波的能量和振动,就可把仪器清洗干净,既省时又方便。

洗涤干净的玻璃仪器,在倒置时器壁应被水均匀润湿,形成一层薄而均匀的水膜。如果器壁挂有水珠,说明仪器还未洗涤干净。

4.2　玻璃仪器的干燥

有机化学实验中一般需要干燥的仪器,因此每次实验后应立即把玻璃仪器洗涤干净

并倒置使之干燥,以备下次实验使用。玻璃仪器常用的干燥方法有以下几种。

1. 自然风干

自然风干是把洗净的玻璃仪器放在干燥架上自然晾干,是一种常用而简单的方法,但干燥速度较慢。

2. 烘箱烘干

把已洗净的玻璃仪器由上层到下层放入烘箱中烘干。放入烘箱中干燥的玻璃仪器,一般要求不带水珠,器皿口侧放。带有磨砂口玻璃塞的仪器,必须取出玻璃塞后才能烘干。玻璃仪器上附带的橡胶制品在放入烘箱前也应取下。烘箱内的温度保持在100～120℃,约烘0.5h,结束时需待烘箱内的温度降至室温时才能取出,切不可把很热的玻璃仪器取出,以免骤冷使之破裂。当烘箱已工作时,不能往上层放入湿的器皿,以免水滴下落,使热的器皿骤冷而破裂。

3. 气流烘干器吹干

洗涤后急需使用的玻璃仪器,可沥干水分,放在气流烘干器上吹干。

4. 有机溶剂干燥

体积小的仪器,若洗涤后急需干燥使用,可用有机溶剂来干燥。首先将洗净仪器中的水尽量甩干,加入少量乙醇洗涤一次,再用少量丙酮洗涤,倾出溶剂于回收瓶中,用电吹风先吹冷风1～2min,待大部分溶剂挥发后,吹入热风至完全干燥,最后吹入冷风使仪器逐渐冷却。

4.3 玻璃仪器的装配

仪器装配得正确与否,是实验成败的重要因素之一。因此,在仪器装配时应注意以下几点:

(1) 根据实验的要求选择相应的仪器,所选仪器应该是大小适宜、配套、干净的。

(2) 装配仪器时,应根据热源确定主要仪器的位置,然后按一定顺序逐个装配。装配的基本要领是由下而上,从热源到接收器(从左到右或从右到左),先难后易逐个装配。

(3) 在同一实验桌上安装两台仪器时应遵从热源位置相邻或接收器位置相邻的原则(即"头对头"或"尾对尾"),绝不允许一台仪器的热源位置与另一台仪器的接收器处于相邻的位置,否则容易发生火灾。

(4) 装配好的玻璃仪器整体上要严密、整齐、稳妥和流畅。

4.4 装置的拆卸

拆卸仪器装置前,首先要关电关水,然后按与安装的顺序相反的方向,从接收器到热源,从上到下逐个拆卸仪器。

第5章 加热、冷却和干燥技术

Chapter 5 Heating，cooling and drying techniques

5.1 加 热

加热能大幅提高有机化学反应速率。常用的加热方式有空气浴、水浴、油浴和砂浴等。

1. 空气浴

直接利用电炉或煤气灯隔着石棉网对玻璃仪器进行加热即空气浴加热。一般情况下，此法是将玻璃仪器放置在离石棉网 $0.5\sim1cm$ 处，用明火加热，由于火力猛烈，不太均匀，因而不适合于低沸点易燃液体的回流操作，也不能用于减压蒸馏操作。

电热套是一种简便安全的加热装置，它是由玻璃纤维包裹着电热丝织成的碗状半圆形的加热器，可调节加热温度。其加热温度范围较广，最高可达 $400℃$，由于它不是明火加热，因此可用于易燃有机物的加热。

2. 水浴

将反应容器置入水浴锅中，使水浴液面稍高出反应容器内的液面，通过煤气灯或电热器对水浴锅加热，使水浴温度达到所需温度范围。与空气浴加热相比，水浴加热均匀，温度易控制，适合于低沸点物质加热操作，但加热温度只能低于 $100℃$。

3. 油浴

当加热温度在 $100\sim250℃$ 时，应采用油浴。油浴加热可使反应物受热均匀，温度容易控制在一定的范围内。反应温度一般低于油浴沸点 $20℃$ 左右。常用的油浴浴液有石蜡油（可加热到 $220℃$ 左右）、硅油（可加热到 $250℃$ 左右）、植物油（如豆油、花生油、蓖麻油等，可加热到 $220℃$ 左右）。

使用油浴加热时应注意，油量不能过多，油浴中应挂一支温度计以随时观察油浴温度，不要让水溅入油中，否则加热时会使油飞溅而着火。

4. 砂浴

若加热温度在 $250\sim350℃$，应采用砂浴。通常是将细砂装在铁盘中，把反应容器埋在砂中，并保持其底部留有一层砂层，以防局部过热。由于砂浴温度分布不均匀，故测试浴温的温度计水银球应靠近反应容器。

5. 微波加热

微波是指波长为 $1mm\sim1m$（频率 $300MHz\sim300GHz$）的超高频电磁波。微波化学（microwave chemistry，MC）是根据电磁场理论和电磁波理论、介电质物理理论、凝聚态物质理论、等离子体物理理论、物质结构理论和化学原理，利用现代微波技术来研究物质在微波场作用下的物理和化学行为的一门科学。微波加热具有以下特点：

（1）可以实现分子水平上的加热，且温度梯度小。

（2）可以对混合组成进行选择性加热。

（3）加热无滞后效果。

5.2　冷　却

有机反应中,有时会产生大量的热,使得反应温度迅速升高,如果控制不当,可能引起副反应或使反应物蒸发,甚至会发生冲料和爆炸事故。要把温度控制在一定范围内,就要进行适当的冷却。我们应根据实验对低温的要求,在操作中使用合适的制冷剂。例如,对于一些放热反应,随着反应的进行,温度会不断升高,为了避免事故发生,可以将反应容器浸没在冷水或冰水中;如果水对反应无影响,还可以将冰块直接投入反应容器中进行冷却。常用制冷剂的组成及最低冷却温度见表 5-1。

表 5-1　常用制冷剂的组成及最低冷却温度

制冷剂的组成	最低冷却温度/℃
水	室温
冰—水	0
$CaCl_2 \cdot 6H_2O$＋碎冰(质量比 2∶5)	−9
NH_4Cl＋碎冰(质量比 1∶4)	−15
$NaCl$＋碎冰(质量比 1∶3)	−21
$CaCl_2 \cdot 6H_2O$＋碎冰(质量比 1∶1)	−29
$CaCl_2 \cdot 6H_2O$＋碎冰(质量比 1.4∶1)	−55
干冰	−60
干冰＋乙醇	−72
干冰＋丙酮	−78
干冰＋乙醚	−100
液氮	−196

5.3　干　燥

干燥是有机化学实验中最常用的重要操作之一。其目的在于除去化合物中存在的少量水分或其他溶剂。根据除水原理不同,干燥方法可分为物理方法和化学方法。

常见的物理方法有风干、加热、吸附、分馏、共沸蒸馏、超临界干燥等,也可采用离子交换树脂或分子筛、硅胶除水。离子交换树脂和分子筛均属多孔类吸水性固体,受热后又会释放出水分子,故可反复使用。

化学方法除水主要是利用干燥剂与水分发生可逆或不可逆反应来进行。例如,无水氯化钙、无水硫酸镁(钠)等能与水反应,可逆地生成水合物;另有一些干燥剂,如金属钠、五氧化二磷、氧化钙等可与水发生不可逆反应而生成新的化合物。

5.3.1 液体的干燥

1. 干燥剂的选择

干燥剂的选用原则是：

（1）干燥剂不能与待干燥的液体发生化学反应。如碱性干燥剂不能干燥酸性有机化合物,无水氯化钙不能用于干燥醇、胺类物质(形成配合物)。

（2）充分考虑干燥剂的干燥能力,即吸水容量、干燥效能和干燥速度。吸水容量是指单位质量干燥剂所吸收的水量;而干燥效能是指达到平衡时仍旧留在溶液中的水量。对于形成水合物的无机盐干燥剂,常用吸水后结晶水的蒸气压来表示。如硫酸钠形成10个结晶水,吸水容量为1.25,在25℃时 $Na_2SO_4 \cdot 10H_2O$ 的水蒸气压为260Pa;氯化钙最多形成6个结晶水,吸水容量为0.97,在25℃时 $CaCl_2 \cdot 6H_2O$ 的水蒸气压为39Pa。可以看出,硫酸钠吸水容量较大,但干燥效能弱,而氯化钙吸水容量较小,但干燥效能强。

（3）干燥剂不能溶解于所干燥的液体中。

常用干燥剂的性能与应用范围见表5-2。常用分子筛的吸附性能见表5-3。

表 5-2 常用干燥剂的性能与应用范围

名称	吸水容量	干燥效能	干燥速度	应用范围
五氧化二磷	—	强	快,吸水后表面为黏浆液覆盖,操作不便	用于除去烃、卤代烃、醚中痕量水分,不适用于干燥醇、酸、酮、胺
分子筛	约0.25	强	快	适用于干燥各类有机物
硅胶	约0.3	强	快	适用于干燥各类有机物
氯化钙	0.97	中等	较快,放置时间较长	适用于烃、醚、部分醛、酮的干燥 不能干燥醇、酚、酸、胺、酰胺、个别能形成配合物的醛、酮
硫酸镁	1.05	较弱	较快	适用于干燥碱类物质以外的有机物
硫酸钠	1.25	弱	慢	用于有机液体的初步干燥
硫酸钙	0.06	强	快	常与硫酸镁(钠)配合,作最后干燥之用
碳酸钾	0.2	较弱	慢	适用于醇、酮、酯、胺、杂环等碱性物质干燥,不能干燥酸、酚等酸性化合物
氢氧化钾(钠)	—	中等	快	用于胺及杂环等碱性物质干燥,不能干燥醇、醛、酮、酯、酸、酚
金属钠	—	强	快,切成小块或压成钠丝使用	用于除去醚、烃中痕量水分

表 5-3　常用分子筛的吸附性能

型号	孔径/Å	能吸附的物质	不能吸附的物质
3A	3.2~3.3	氮气、氧气、氢气、水	乙烯、二氧化碳、乙炔等更大的分子
4A	4.2~4.7	甲醇、乙醇、乙腈、氯仿以及被 3A 吸附的分子	
5A	4.9~5.5	C_3~C_{14} 正构烷烃及被 3A、4A 吸附的分子	$(n\text{-}C_4H_9)_2NH$ 及更大的分子

2. 干燥操作

在干燥前应将被干燥液体中的水分尽可能分离干净,宁可损失一些有机物,也不应有任何可见的水层。将待干燥的液体置于锥形瓶中,根据估计的含水量大小,按每 10mL 液体 0.5~1g 干燥剂的比例加入,塞紧空心塞(用金属钠干燥时,在瓶口安装氯化钙干燥管与大气相通,使氢气放出而水汽不致进入),稍加摇振,观察干燥剂的吸水情况。若块状干燥剂的棱角基本完好,或细粒状的干燥剂无明显粘连,或粉末状的干燥剂无结团、附壁现象,同时被干燥液体已由浑浊变得清亮,说明干燥剂用量已经足够,继续放置一段时间(至少 0.5h,最好过夜),再过滤。否则,干燥剂用量不足,需再加入新的干燥剂。如果干燥时有机液体中出现少量水层,必须将此水层分去或用吸管吸去,再加入新的干燥剂。干燥剂用量不能过多,因为干燥剂也会吸附被干燥的液体而造成太多的损失。

在使用无水盐类干燥剂时,若要得到较高的干燥程度,如果有机液体中含水较多,可先选用吸水容量较大的干燥剂进行初步干燥,再用干燥效能较高的干燥剂进一步干燥;或者先加入一部分干燥剂,形成多结晶水的水合物,吸收掉大部分水后,滤出干燥剂,再向滤液中加入新的干燥剂。

通常干燥剂形成水合物需要一定的平衡时间,因此干燥剂加入后必须放置一段时间才能达到脱水效果。已吸水的干燥剂受热后又会脱水,所以,对已干燥的液体在蒸馏前必须把干燥剂滤去。

5.3.2　固体的干燥

对于热稳定性较差且不吸潮的有机固体,或固体中吸附有易燃和易挥发的溶剂(如乙醚、丙酮、石油醚等),最简便的干燥方法是将其摊开在表面皿或滤纸上,自然晾干;如果化合物热稳定性好,且熔点较高,就可将其摊开在表面皿(不能放在滤纸上)置于烘箱中或红外灯下进行干燥,但样品中有机溶剂含量应较少,否则可能会产生燃烧、爆炸等安全隐患;易吸潮或受热时易分解的化合物,则应放在干燥器中进行干燥。实验室中常用的干燥器有以下三种:

1. 普通干燥器

普通干燥器见图 5-1。操作时干燥剂放在底部,被干燥固体放在表面皿或坩埚内置于多孔瓷盘上,磨口上加涂真空油脂。

2. 真空干燥器

真空干燥器(图 5-2)与普通干燥器大体相似,只是顶部装有带活塞的导气管,可接真空泵抽真空,使干燥器内的压强降低,从而提高干燥速度。应该注意,真空干燥器在使用前一定要经过试压,解除真空时,进气的速度不宜太快,以免吹散样品。

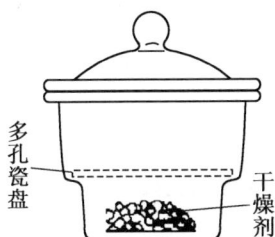

图 5-1　普通干燥器　　　　　　　　图 5-2　真空干燥器

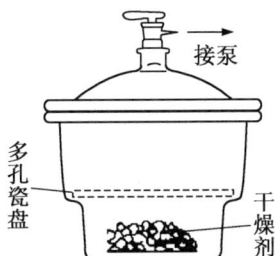

3. 减压恒温干燥器

对于一些经烘箱或红外线干燥还不能达到分析测试要求的样品,可用减压恒温干燥器(图 5-3)干燥。其优点是干燥效率高,尤其是除去结晶水和结晶醇的效果好。使用前,应根据被干燥样品和被除去溶剂的性质选好载热溶剂(溶剂沸点应低于样品熔点),将载热溶剂装进圆底烧瓶中。将装有样品的干燥舟放入夹层内(干燥室),接上盛有五氧化二磷的曲颈瓶,然后抽气减压至尽可能高的真空度,停止抽气,关闭活塞,加热使溶剂回流,溶剂的蒸气充满夹层的外层,样品就在减压和恒温的干燥室内被干燥。每隔一段时间抽气一次,以便及时排除样品中挥发出来的溶剂蒸气,同时可使干燥室内保持一定的真空度。干燥完毕,先去掉热源,待温度降至接近室温时,缓慢地解除真空,将样品取出,置于普通干燥器中保存。

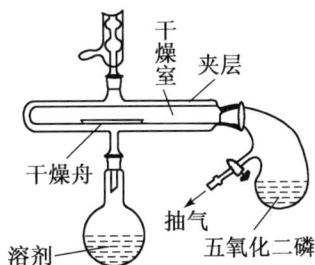

图 5-3　减压恒温干燥器

5.3.3　气体的干燥

实验室中临时制备的或由储气钢瓶中导出的气体在参加反应之前往往需要干燥;进行无水反应或蒸馏无水溶剂时,为避免空气中水汽的侵入,也需要对可能进入反应系统或蒸馏系统的空气进行干燥。气体的干燥方法主要有以下几种。

1. 吸附法

吸附法是使气体通过吸附剂或干燥剂,气体中的水汽被吸附剂吸附或与干燥剂作用而被除去,以达到干燥的目的。如有机反应体系中为防止湿空气侵入,常在反应器连通大气的出口处连接干燥管,管内盛氯化钙或碱石灰。常用气体干燥剂见表 5-4。

表 5-4　常用气体干燥剂

干燥剂	可干燥气体
石灰、碱石灰、NaOH(固)	O_2、N_2、NH_3、胺类等
无水 $CaCl_2$	H_2、O_2、N_2、CO、CO_2、HCl、SO_2、烷烃、烯烃、卤代烃、醚
P_2O_5	H_2、O_2、N_2、CO、CO_2、SO_2、烷烃、烯烃
浓 H_2SO_4	H_2、O_2、N_2、CO、CO_2、HCl、SO_2、烷烃、卤代烃
硅胶	NH_3、N_2、O_2 等
分子筛	H_2、O_2、Ar、CO_2、烷烃、烯烃等

2. 洗气法

在洗瓶中盛放浓硫酸,使气体通过洗气瓶进行干燥。注意,在洗气瓶的前、后常常会各安装一只空的洗气瓶作为安全瓶。

3. 冷冻法

当低沸点的气体通过冷阱,气体受冷时,其饱和湿度变小,其中的大部分水汽冷凝下来留在冷阱中,从而达到干燥的目的。冷阱中的冷冻剂可以采用干冰或液氮。

第6章 有机物的分离与提纯技术

Chapter 6　Separation and purification techniques
of organic compounds

6.1　固体混合物的分离与提纯

6.1.1　过滤

过滤是利用滤纸将溶液和固相分开。过滤后的溶液称为滤液。实验室常采用常压过滤、减压过滤(吸滤)、热过滤和离心分离四种方法。

1. 常压过滤

滤纸折叠方法如图 6-1 所示。

为了使漏斗与滤纸之间贴紧而无气泡,可将三层厚的外层撕下一小块(此小块滤纸保留,用以擦洗烧杯)。用食指把滤纸按在漏斗的内壁上,用水润湿,赶尽滤纸与漏斗壁之间的气泡。

图 6-1　滤纸的折叠　　　　　　　　　　　　　图 6-2　常压过滤

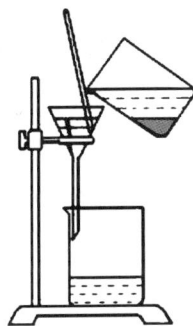

常压过滤一般采用倾析法(图 6-2)。方法是:先把清液倾入漏斗中,让沉淀尽可能地留在烧杯内。这种过滤方法可以避免沉淀过早堵塞滤纸小孔而影响过滤速度。倾入溶液时,应让溶液沿着玻璃棒流入漏斗中,玻璃棒应直立,下端对着三层厚滤纸一边,并尽可能接近滤纸,但不要与滤纸接触。

若要加快过滤速度,滤纸可折成菊花形(图 6-3)。折叠方法是:先把圆形滤纸连续对折两次使之成四分之一圆,再展开成半圆形;在 1、4 和 3、4 之间再对折,折痕是 6 和 5;使 1 和 5 重合,折出 8,3 和 6 重合,折出 7,在 3、5 和 1、6 之间对折得 9 和 10;在相邻折痕之间,从折痕的相反方向按顺序对折一次,成一把小扇子。折好后把它展开,就成为菊花形滤纸。注意在折叠时尖端处不要用力折压,以免滤纸破损。

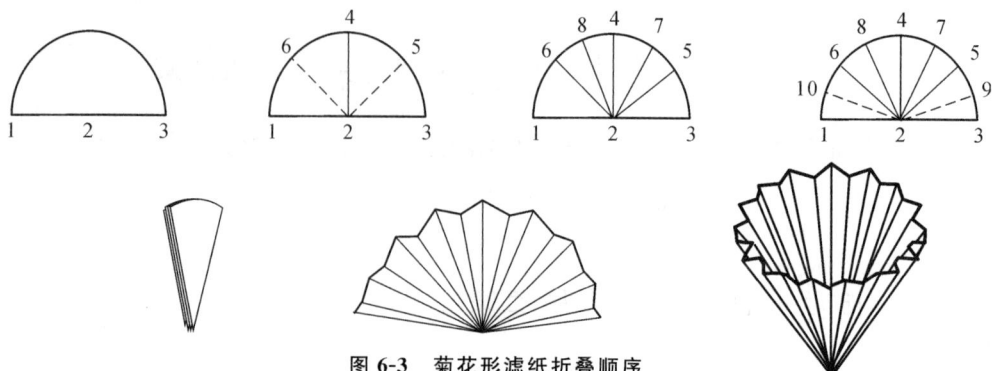

图 6-3　菊花形滤纸折叠顺序

2. 减压过滤

减压过滤也称吸滤,可采用循环水式真空泵进行抽气减压。过滤前先剪好滤纸,滤纸的大小以比布氏漏斗内径略小而又能将漏斗的孔全盖住为宜。减压过滤装置如图 6-4 所示。操作时,把剪好的滤纸放入布氏漏斗内,用少量水润湿,开真空泵,使滤纸贴紧布氏漏斗;将需过滤的混合物分批倒入布氏漏斗中,使晶体均匀分布在滤纸表面,并用少量滤液(即母液)洗出黏附在容器上的晶体,一并倒入漏斗中,继续抽气,而后用玻璃瓶塞挤压晶体,抽干母液;暂停抽气,用少量溶剂(3~5mL)均匀洒在滤饼上,抽去溶剂,重复操作两三次,就可把滤饼洗净。结束时先拔下吸滤瓶的胶管,再取下布氏漏斗,用玻璃棒撬起滤纸边,取下滤纸和沉淀,瓶内的滤液从瓶口倒出。

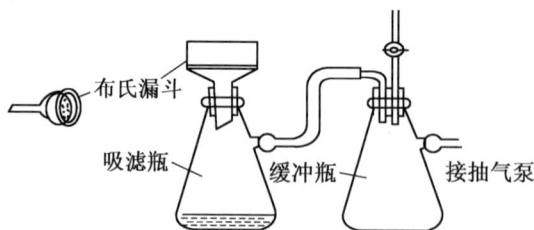

图 6-4　减压过滤装置

3. 热过滤

如果溶液中的溶质在冷却后易析出结晶,而实验要求溶质在过滤时保留在溶液中,则采用热过滤的方法。若热过滤的溶剂是有机溶剂,可用热过滤装置(图 6-5)。如果热过滤的溶剂是水,则采用简单热过滤装置(图 6-6);若滤液多、过滤需时较长,过滤过程中溶液温度变化较大,则要使用热滤漏斗热过滤装置(图 6-7)。

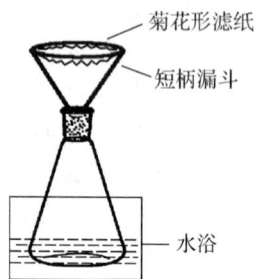

图 6-5　热过滤装置

图 6-6　简单热过滤装置

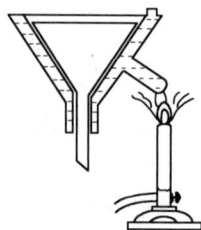

图 6-7　热滤漏斗热过滤装置

热过滤一般内衬菊花形滤纸,以增大过滤速率。

4. 离心分离

离心分离有离心过滤和离心沉降两种。离心过滤(工业上也叫甩滤)是使悬浮液在离心力场下产生离心压力,使液体通过过滤介质成为滤液,而固体颗粒被截留在过滤介质表面,从而实现液—固分离;离心沉降是利用悬浮液(或乳浊液)密度不同的各组分在离心力场中迅速沉降分层而实现液—固(或液—液)分离。

离心操作时,将盛有沉淀和溶液的离心试管或小试管放入离心机的套管内,为保持平衡,几支试管要放在对称的位置(若只有一个试样,可在对称位置放一支装等量水的试管),盖好盖子,将转速调在最低挡位置,然后逐渐加速,几分钟后,将离心机转速逐渐调小,最后完全停止,取出离心试管。

6.1.2 重结晶

1. 重结晶的基本原理

将晶体用溶剂先加热溶解,然后冷却重新成为晶态析出的过程称为重结晶。重结晶是固体有机物最常用的提纯方法。其原理是利用溶剂对被提纯化合物及杂质的溶解度不同,使溶解度很小的杂质在热过滤时被除去或使冷却后溶解度很大的杂质留在母液中,从而达到分离提纯固体化合物的目的。重结晶提纯法一般用于提纯杂质含量小于5%的固体化合物。

重结晶根据所用溶剂种类的不同,分为单一溶剂重结晶和混合溶剂重结晶。单一溶剂重结晶是利用被提纯化合物及杂质在一种溶剂中的溶解度不同提纯有机化合物。混合溶剂重结晶是利用被提纯化合物及杂质分别在两种不同极性的溶剂中的溶解度不同而提纯有机化合物。

重结晶操作的一般过程如下:

选择溶剂→溶解样品→除去杂质→冷却结晶→晶体收集和洗涤→晶体干燥

2. 选择溶剂

重结晶时,应根据下列条件选择溶剂:

(1) 不与被提纯物质起化学反应。

(2) 被提纯的有机化合物应易溶于热溶剂中,而在冷溶剂中几乎不溶。

(3) 对杂质的溶解度非常大或非常小。

(4) 能给出较好的结晶。

(5) 溶剂的沸点高于被提纯物的熔点,且易挥发,易除去。

(6) 价廉易得,无毒或毒性低,操作安全,易回收。

具体选择时,大部分化合物可先从手册或文献资料中查到溶解度数据。如果被提纯化合物是未知物,则可根据"相似相溶"的经验规律推导出可能适宜的溶剂。常用重结晶溶剂见表6-1。

表 6-1　常用重结晶溶剂

名称	沸点/℃	凝固点/℃	相对密度	极性/D	与水混溶性	易燃性
冰醋酸	117.9	16.7	1.05	6.2	＋	＋
水	100	0	1.00	10.2	＋	不燃
苯	80.1	5	0.88	3	－	＋＋＋＋
95％乙醇	78.1	＜0	0.80	4.3	＋	＋＋
乙酸乙酯	77.1	＜0	0.90	4.3	－	＋＋
四氯化碳	76.5	＜0	1.59	1.6	－	不燃
甲醇	64.9	＜0	0.79	6.6	＋	＋
氯仿	61.7	＜0	1.48	4.4	－	不燃
丙酮	56.2	＜0	0.79	5.4	＋	＋＋＋
乙醚	34.5	＜0	0.71	2.9	－	＋＋＋＋
石油醚	30～60	＜0	0.64	0.01	－	＋＋＋＋

注："＋"表示容易；"－"表示不易。

　　无论是从文献资料中查到的或凭经验推导出来的结果都只能作为参考,溶剂的最后选择都需要通过试验来确定。试验方法如下:取 0.1g 固体粉末于一小试管中,加入 1mL 溶剂,振荡,观察溶解情况,若室温下样品全部或大部分溶解,则说明样品在此溶剂中的溶解度太大,此溶剂不适用;若固体不溶或大部分不溶,且加热仍不溶,则以每次约 0.5mL 的量逐步加入溶剂至 3～4mL,加热至沸,若仍不溶,则表明溶解度太小,此溶剂不适用。若固体能溶在 1～4mL 沸腾的溶剂中,冷却时能自行析出或经摩擦或加入晶种能析出相当多的晶体,则此溶剂适用;如果冷却时没有晶体析出或只有少量晶体析出,则此溶剂不适用。

　　按照上述方法逐一试验不同的溶剂,对试验结果加以比较,从中选择最佳的一种作为重结晶的溶剂。常用的重结晶溶剂按极性由大到小排列的次序为:乙酸、吡啶、水、甲醇、乙醇、异丙醇、丙酮、1,4-二氧六环、乙酸乙酯、氯仿、苯、甲苯、四氯化碳、石油醚。

　　如果找不到一种适合的溶剂时,可考虑使用混合溶剂。混合溶剂通常由两种互溶的溶剂组成,其中一种对被提纯物溶解度很大,称为良溶剂,另一种对被提纯物难溶或不溶,称为不良溶剂。试验方法为:在小试管中先加入被提纯物和良溶剂,然后每次滴加不良溶剂 0.5～1mL,当溶液出现混浊时,加热溶解直至形成热的饱和溶液,再自然冷却,若能析出较大的结晶,此比例的混合溶剂即为重结晶的溶剂。常用混合溶剂有:乙醇—水、丙酮—水、乙酸—水、乙醚—甲醇、乙醚—石油醚、苯—石油醚等。

　　3. 溶解样品

　　确定重结晶溶剂后,可根据该固体样品在此溶剂的沸腾温度时的溶解度,预先计算溶剂用量,然后将粗产品置于锥形瓶或圆底烧瓶等窄口容器中,加入比计算用量稍少的溶剂。如果溶剂是水或沸点高、挥发性低的,可在石棉网上直接加热锥形瓶(图 6-8);如果溶剂沸点低、易挥发、易燃烧,应在锥形瓶或圆底烧瓶上加装回流冷凝管(图6-9),加热至微沸一段时间。若有固体未溶解,可再分批添加溶剂,每次添加后均需再加热至溶液沸腾,直至固体恰好溶解(注意:不溶性杂质存在,添加溶剂时不会减少),记录所加溶剂总用量。最后再多加20%左右的溶剂,以免在趁热过滤时,由于溶剂的挥发和温度的下降提前析出结晶而损失。如果溶剂过量太多,则难以析出结晶,可在结晶之前,蒸发掉部分溶剂。

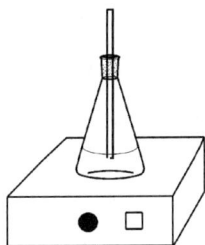

图 6-8　水溶剂溶解装置　　　　图 6-9　有机溶剂溶解装置

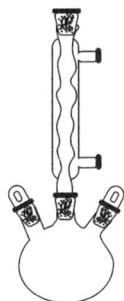

4. 除去杂质

(1) 趁热过滤

制备好的热溶液,须经趁热过滤,以除去不溶性的杂质。为了保持滤液的温度,防止晶体提前析在滤纸上,整套热过滤装置必须要预热。操作时,选用短颈粗径的玻璃漏斗,将漏斗、菊花形滤纸和收集滤液的锥形瓶放在烘箱中预先烘热。过滤时,取出烘热仪器迅速装配好,菊花形滤纸向外突出的棱边应紧贴于漏斗壁(图6-5),先用少量的热溶剂湿润(以免干滤纸吸收溶液中的溶剂,使结晶析出而堵塞滤纸孔),将溶液沿玻璃棒倒入。过滤时,漏斗上可盖上表面皿(凹面向下),以减少溶剂挥发(一般用锥形瓶盛接滤液,锥形瓶可在热水浴中保温,只有水溶剂才可收集在烧杯中)。如果滤纸上析出较多的结晶,用刮刀刮回至原来的瓶中,再以适量的溶剂溶解并过滤。

如果是以水为溶剂,可用简单热过滤装置(图6-6)。首先在烧杯内放少量水,加热煮沸预热装置,然后可边加热边过滤。如果溶液稍冷就析出较多结晶或要过滤的溶液较多,最好用热滤漏斗进行过滤(图6-7),注意,过滤易燃溶剂时应将明火熄灭。

(2) 活性炭脱色

若溶液中含有色杂质或树脂状杂质,可用活性炭进行脱色除去。操作时,应先将完全溶解的沸腾溶液稍微冷却,然后加入活性炭(切不可将活性炭加入沸腾的溶液中,以免暴沸冲料),再加热煮沸5～10min,趁热过滤,除去活性炭。活性炭用量多少视溶液颜色的深浅而定,一般用量为固体样品干重的1%～5%。若一次脱色不彻底,可再加入适量活性炭重复操作一次。注意,不可多加,因为活性炭也会吸附部分样品。

5. 冷却结晶

将热过滤得到的溶液冷却,溶质从溶液中析出,使溶解度大的杂质留在母液中。

冷却有快速和自然两种方法。

（1）快速冷却

将盛放热滤液的锥形瓶浸在冷水或冰水浴中迅速冷却并不断搅拌，可得到颗粒很小的晶体。小晶体内包含的杂质较少，但因为其表面积大，表面吸附有较多的杂质。

（2）自然冷却

将热的饱和溶液（如果在滤液中已有结晶析出，可加热使之溶解）静置，自然缓慢地降温，当溶液降至室温且析出大量结晶后（若溶液冷却后仍不结晶，可投入纯的被重结晶化合物细粒当"晶种"或用玻璃棒摩擦容器内壁引发结晶），可进一步用冰水冷却，使晶体充分析出。这样得到的晶体比较纯净、均匀，晶体也较大。

如果不析出晶体而析出油状物，可能是因为热的饱和溶液的温度比被提纯的样品的熔点高或与之接近。如果出现较多的油状物，可搅拌至油状物消失，也可重新加热溶液至澄清后，让其自然冷却至刚有油状物产生时，立即剧烈搅拌，使油状物分散。

6. 晶体收集和洗涤

通常用减压过滤分离晶体和母液，具体操作见 6.1.1 中的"2"。

7. 晶体干燥

减压过滤后的晶体表面还吸附少量溶剂，应根据晶体及所用溶剂的性质选择合适的干燥方法，具体见 5.3.2。

用混合溶剂重结晶时，先用良溶剂加热溶解，若有颜色则用活性炭脱色，热过滤除去不溶杂质，然后向溶液中慢慢加入不良溶剂，至刚刚开始出现少量浑浊且不消失，此时再加少量良溶剂使沉淀刚刚好完全溶解变澄清，停止加热和搅拌，自然冷却，使结晶析出。若已知两种溶剂的某一比例适用于重结晶，可事先配制好混合溶剂，按单一溶剂重结晶的方法进行。

6.2 液体混合物的分离与提纯

6.2.1 萃取与洗涤

1. 萃取的基本原理

萃取是利用物质在两种互不相溶（或微溶）溶剂中的溶解度或分配比不同来分离和提取有机物的方法。萃取可以用于从固体或液体混合物中提取出所需物质，也可以用来洗去混合物中少量杂质（即洗涤）。萃取效果与萃取次数的关系如下：

$$W_n = \left(\frac{KV}{KV+S}\right)^n W_0$$

式中：V 为被萃取溶液的体积，单位为 mL；W_0 为被萃取溶液中溶质的总含量，单位为 g；S 为萃取时所用萃取剂 B 的体积，单位为 mL；W_n 为经过 n 次萃取后溶质在原溶剂 A 中的剩余量，单位为 g；K 为溶质在原溶剂 A 和萃取剂 B 中的浓度比，即分配系数。

由上式可知，萃取次数 n 越大，残留在原溶剂中的溶质 W_n 就越小，萃取效果越好。但是，萃取次数越多，萃取剂用量也越大，当 $n>5$ 时，再增加萃取次数，萃取效果增加不大，故实际操作时，一般萃取 3~5 次即可。对于定量的萃取剂，多次萃取比一次萃取效果好。

2. 液—液萃取

（1）萃取剂的选择

萃取剂的选择应由被萃取有机物的性质而定。一般难溶于水的物质用石油醚萃取；较易溶于水的物质用苯或乙醚萃取；极易溶于水的物质则用乙酸乙酯萃取。

在具体选择萃取剂时，不仅要考虑萃取剂对被萃取物与杂质应有相反的溶解度，而且萃取剂的沸点不宜过高，否则不易回收萃取剂，甚至在回收时可能使产品发生分解。此外，还应考虑萃取剂的毒性要小，化学稳定性要高，不与溶质发生化学反应且其密度也要适宜等。

（2）萃取与洗涤操作

准备工作：

1）分液漏斗上口的顶塞应用小线系在漏斗上口的颈部，旋塞则用橡皮筋绑好，以避免脱落打破。

2）取下旋塞并用纸将旋塞及旋塞腔擦干，在旋塞孔的两侧涂上一层薄薄的凡士林，再小心塞上旋塞并来回旋转数次，使凡士林均匀分布并变透明；上口的顶塞不能涂凡士林。

3）使用前应先用水检查顶塞、旋塞是否漏水，若再旋转180°都不漏水，可进行使用。

萃取与洗涤操作方法：

把分液漏斗放置在铁架台的铁环上，关闭旋塞并在颈下放一个锥形瓶，从分液漏斗上口倒入溶液与萃取剂（总体积应不超过漏斗容积的2/3），然后盖紧顶塞并封闭气孔。取下分液漏斗，振摇使两层液体充分接触。振摇时，右手捏住漏斗上口颈部，并用食指根部（或手掌）顶住顶塞，以防顶塞松开；左手大拇指、食指按住处于上方的旋塞把手，既要能防止振摇时旋塞转动或脱落，又要便于灵活地旋开旋塞。漏斗颈向上倾斜30°～

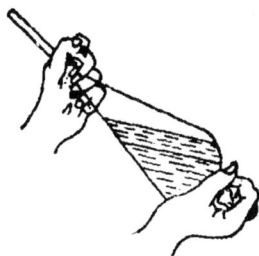

图 6-10　分液漏斗的使用

45°，如图6-10所示。开始时振荡要慢，振荡后，保持原倾斜状态，上部支管口指向无人处，左手仍握在活塞支管处，用拇指和食指旋开活塞，释放出漏斗内的易挥发有机溶剂或产生的气体，使内外压平衡，此操作也称放气。如此重复至放气时无明显气体放出，再剧烈振荡2～3min，然后再将漏斗放回铁环中静置。

液体分离操作：

将分液漏斗放置在铁环上静置分层，待两层液体界面清晰时，先将顶塞的凹缝与口颈部的小孔对好（与大气相通），再把分液漏斗下端靠在接收瓶的壁上，然后缓缓旋开旋塞，放出下层液体，放时先快后慢。当两液面界限接近旋塞时，关闭旋塞并手持漏斗颈稍加振摇，使黏附在漏斗壁上的液体下沉，再静置片刻，下层液体常略有增多，再将下层液体仔细放出，此操作可重复两三次，以便把下层液体分尽。当最后一滴下层液体刚刚通过旋塞孔时，关闭旋塞。待颈部液体流完后，将上层液体从上口倒出，不可由旋塞放出上层液体，以免被残留在漏斗颈的下层液体所沾污。注意：不论萃取还是洗涤，上下两层液体都要保留至实验完毕。否则一旦中间操作失误，就无法补救和检查。

分液漏斗使用完毕后，必须用水冲洗干净，顶塞、旋塞应用薄纸条夹好，以防粘住。当分液漏斗需放入烘箱中干燥时，应先卸下顶塞与旋塞，上面的凡士林必须用纸擦净，否则凡士林在烘箱中炭化后很难洗去。

（3）微量萃取操作

当萃取液体体积很少时，用分液漏斗显然不理想，可采用微量萃取技术进行萃取。取一支离心管，放入萃取溶液和萃取剂，盖好盖子，用手摇动离心管或用滴管向液体中鼓气搅动，使液体充分接触，并注意随时开盖放气。静置分层后，用滴管将萃取相吸出，在萃取相中加入新的萃取剂继续萃取（图 6-11）。

3. 固—液萃取

从固体中抽提有机物质，是利用溶剂对样品中被提取物质和杂质之间的溶解度不同来达到分离提取的目的。从固体中萃取化合物，通常用浸泡法，即将固体物质加入到萃取剂中浸泡一段时间，然后滤出固体，再用新鲜萃取剂继续浸泡，如此反复操作。浸泡法的缺点是溶剂用量大、时间长、效率低。

索氏提取器（图 6-12）是利用溶剂回流和虹吸原理，使固体物质每一次都能被纯净的溶剂所萃取，因此效率较高。为增加液体浸溶的面积，萃取前应先将样品研细，用滤纸套包好置于提取器中。提取器下端接盛有萃取剂的烧瓶，上端接冷凝管，当溶剂沸腾时，冷凝下来的溶剂滴入提取器中，待液面超过虹吸管上端后，发生虹吸流回烧瓶，因而萃取出溶于溶剂的部分物质。经过不断的溶剂回流和虹吸作用，固体中的可溶物质富集到烧瓶中。最后提取液经浓缩后，将所得固体进一步提纯，即得到所需物质。

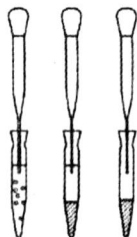

图 6-11　微量萃取法　　　图 6-12　索氏提取器

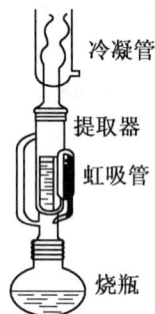

4. 化学萃取

化学萃取是利用萃取剂与被萃取物质发生化学反应来达到分离的目的。化学萃取经常用于有机合成反应中，以除去杂质或分离出有机物。操作方法和液—液萃取相同。常用萃取剂有 $5\%\sim10\%$ 的 NaOH 溶液、Na_2CO_3 溶液、$NaHCO_3$ 溶液、稀盐酸、稀硫酸及浓硫酸等。碱性萃取剂可以从有机相中萃取出有机酸，或从有机化合物中除去酸性杂质（酸性杂质生成钠盐而溶于水中）。稀盐酸、稀硫酸可以从混合物中萃取出有机碱或除去碱性杂质。浓硫酸可以从饱和烃中除去不饱和烃，或从卤代烷中除去醇、醚等杂质。

6.2.2　常压蒸馏

1. 常压蒸馏的基本原理

如果把液体置于密闭的真空体系中，液体分子不断逸出而在液面上部形成蒸气，最后使得分子由液体逸出的速度与分子由蒸气中回到液体中的速度相等,此时液面上的蒸气达到饱和(饱和蒸气)。饱和蒸气对液面所施加的压力称为饱和蒸气压。实验证明,液体的蒸气压大小只与温度有关,而与体系中存在的液体和蒸气的绝对量无关。

当液体的蒸气压增大到与外界施于液面的总压力(通常是指大气压力)相等时,就有大量气泡从液体内部逸出,即液体沸腾,这时的温度称为液体的沸点。纯液体化合物的沸程一般为 1~2℃。

在一个通大气的系统中对液体加热直至沸腾,使液体变为蒸气,然后使蒸气冷却凝结为液体的过程称为常压蒸馏,简称蒸馏。蒸馏是有机化学实验中重要的操作之一,在实验室和工业上都有着广泛的用途。其用途主要有:

(1) 测定液体的沸点。

(2) 通过比较液体沸点与文献值估计液体的纯度。

(3) 分离沸点相差较大(大于 30℃)、不形成共沸的互溶液体混合物。

(4) 除去液体中挥发性很高或很低的杂质。

(5) 回收溶剂。

2. 常压蒸馏装置

如图 6-13 所示,常压蒸馏装置所用仪器主要包括四部分。

(1) 汽化部分

由圆底烧瓶、蒸馏头、温度计组成。液体在烧瓶内受热汽化,蒸气经蒸馏头侧管进入冷凝器中。待蒸馏液体的体积不超过圆底烧瓶容量的 1/2,也不能少于 1/3。

(2) 冷凝部分

由冷凝管组成。蒸气在冷凝管中冷凝成为液体,当液体

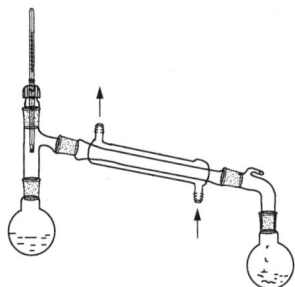

图 6-13　常压蒸馏装置

的沸点高于 140℃时选用空气冷凝管,低于 140℃时则选用水冷凝管(通常采用直形冷凝管而不采用球形冷凝管)。冷凝管下端侧管为进水口,上端侧管为出水口,安装时应注意上端出水口侧管应向上,保证套管内充满水。

(3) 接收部分

由接引管、接收器(圆底烧瓶或梨形瓶)组成,用于收集冷凝后的液体。当所用接引管无支管时,接引管和接收器之间不可密封,应与外界大气相通。

(4) 热源

当液体沸点低于 80℃时通常采用水浴,高于 80℃时采用封闭式的电加热器(如电热套)配上调压变压器控温。

3. 常压蒸馏操作方法

(1) 组装蒸馏装置

按升降台→电热套→圆底烧瓶→蒸馏头→温度计→带皮管的冷凝管→接引管→接收瓶的顺序组装仪器,其中圆底烧瓶的颈部和冷凝管的中部分别用铁夹固定。温度计水银球上端与蒸馏头支管的下侧在同一水平线上,如图 6-14 所示。

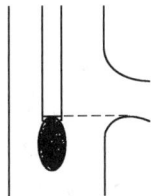

图 6-14　温度计水银球位置

（2）加液体及沸石

取下温度计及套管，将液体沿蒸馏头支管口的对面器壁慢慢倾入，或通过长颈漏斗加入蒸馏瓶中，并加入数粒沸石，以便在液体沸腾时沸石内的小气泡成为液体汽化中心，保证液体平稳沸腾，防止液体过热而产生暴沸。

（3）通冷凝水

打开冷凝水，使水"低进高出"。直型冷凝管中充满水，水流量不要太大，维持"细水长流"即可。

（4）加热

开始加热速度可以快些，当出现沸腾时降低加热速度，把热源调到蒸馏速度在 $1 \sim 2$ 滴/s 为宜。在此过程中，温度计水银球始终附有冷凝的液滴，此时的温度即为气液平衡时的温度（液体的沸点）。如果蒸馏太快，过热蒸气使液体沸点偏高；蒸馏太慢，蒸气不能充分浸润温度计水银球，沸点偏低。

（5）收集馏分，记录沸程

在进行蒸馏前，至少要准备两个接收瓶，其中一个用于接收达到沸点之前所馏出的液体（前馏分，或称馏头）。随后温度趋于稳定，这时更换一个干净、干燥、事先称量好的接收瓶。记录开始馏出液与最后一滴馏出液的温度（沸程）。

（6）停止蒸馏

如果维持原来的加热程度，已没有馏出液，或温度突然下降，即可停止蒸馏。即使杂质含量极少，也不要蒸干馏液，以免蒸馏瓶破裂或发生其他意外事故。蒸馏结束时，先停止加热，移去热源，再关冷凝水，最后按组装的相反顺序逐件拆除装置。回收蒸馏瓶中残液，集中处理，按要求清洗和干燥仪器。

4. 常压蒸馏注意事项

（1）在蒸馏头上装上配套的专用温度计。如果没有专用温度计，可用搅拌套管或橡皮塞装上一温度计，调整温度计的位置（如图 6-14 所示）。

（2）若忘记加沸石，只有在液体温度低于其沸腾温度时方可补加，切忌在液体沸腾或接近沸腾时加入沸石。

（3）始终保证蒸馏体系与大气相通。

（4）如果蒸馏所得的产物易挥发、易燃或有毒，可在接引管的支管上接一根长橡皮管，通入水槽的下水管内或引出至通风口；接收器放在冷水浴或冰水浴中冷却（图 6-15）；用水浴加热，不得使用明火加热。

（5）蒸馏过程中欲向烧瓶中添加液体，必须先停止加热，待冷却后进行，不得中断冷凝水。

（6）假如蒸馏出的产品易受潮分解或是无水产品，可在接引管的支管上连接一氯化钙干燥管。如果在蒸馏时放出有害气体，则接引管的支管需连接气体吸收装置（图 6-16）。

（7）对于乙醚等易生成过氧化物的化合物，蒸馏前必须检验有无过氧化物。若含过氧化物，务必除去后方可蒸馏且不得蒸干。蒸馏硝基化合物也切忌蒸干，以防爆炸。

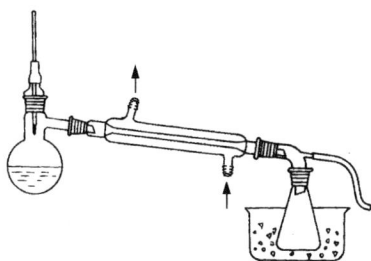

图 6-15　低沸点液体蒸馏装置

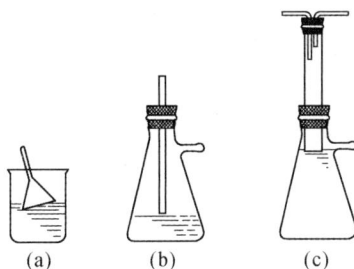

(a)　(b)　(c)

图 6-16　气体吸收装置

6.2.3　减压蒸馏

当蒸馏系统内的压力降低后,其沸点便降低,使得液体在较低的温度下气化而逸出,继而冷凝成液体,然后收集在一容器中,这种在较低的压力下进行蒸馏的操作称为减压蒸馏。减压蒸馏是分离和提纯液体有机物(或低熔点固体)的一种重要方法,它特别适用于那些常压蒸馏未达到沸点时已发生分解、氧化或聚合的物质的分离和提纯。通常把低于 $1×10^{-5}$ Pa 的气态空间称为真空,欲使液体沸点下降得多,就必须提高系统内的真空度。实验室常用水喷射泵(水泵)或真空泵(油泵)来提高系统真空度。在进行减压蒸馏前,应先从文献中查阅清楚欲蒸馏物质在选择压力下的沸点。一般来说,当系统内压力降低到 $20×133.3$ Pa 左右时,大多数高沸点有机物的沸点随之下降 $100~120℃$;当系统内压力在 $10×133.3~25×133.3$ Pa 之间进行减压蒸馏时,大体上压力每相差 133.3 Pa,沸点相差约 1℃。

1. 减压蒸馏装置

如图 6-17 所示,减压蒸馏装置主要由蒸馏部分、安全瓶、测压计、吸收装置、减压泵五部分组成,所用仪器均要壁厚耐压。

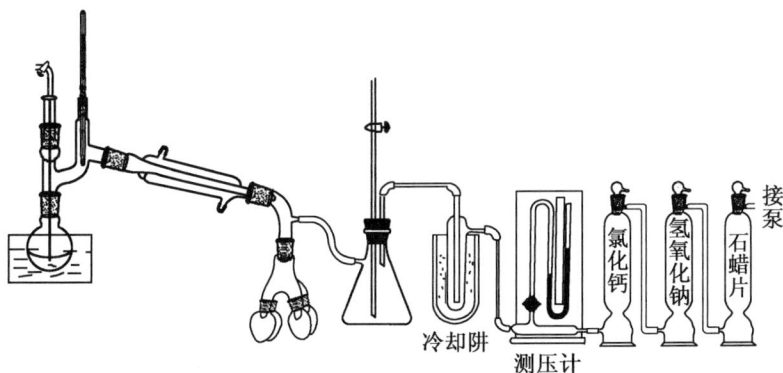

冷却阱　　测压计　　氯化钙　氢氧化钠　石蜡片　接泵

图 6-17　减压蒸馏装置

(1)蒸馏部分

由蒸馏烧瓶、冷凝管、接收器三部分构成。蒸馏烧瓶采用圆底烧瓶,配克氏蒸馏头,这样可以避免由于蒸馏时液体的跳动引起液体从支管冲出。支管一口插温度计,另一口插一根离瓶底约 1~2mm、末端拉成毛细管的玻璃管,玻璃管上端连有一段带螺旋夹的橡皮管,橡皮管内夹一细铜丝或细竹条,通过螺旋夹来调节进入的空气流,起到搅拌液体的作用,也可用磁力搅拌代替毛细管。冷凝管一般选用直形冷凝管。接收器一般选用多个梨形(圆形)烧瓶接在多头接引管上(图 6-18)。

(2)安全瓶

一般用吸滤瓶,壁厚耐压。安全瓶与减压泵和测压计相连,并配有活塞,用来调节系统压力及放气。

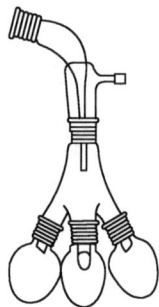
图 6-18 多头接收器

(3)测压计

常使用水银压力计(压差计),分为开口式和封闭式,如图 6-19 所示。开口式水银压力计的特点是管长必须超过 760mm,读数时必须配有大气压计,因为两管中汞柱高度的差值是大气压与系统内压之差,所以蒸馏系统内的实际压力应为大气压力减去这一汞柱之差,其所量压力准确。封闭式水银压力计轻巧方便,两管中汞柱高度的差值即为系统内压,但不及开口式水银压力计所量压力准确,常用开口式水银压力计来校正。

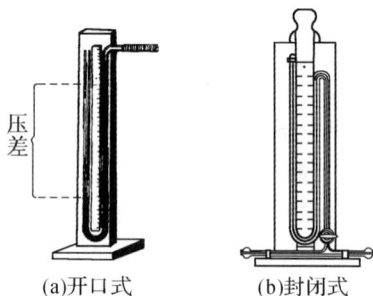
(a)开口式   (b)封闭式
图 6-19 水银压力计

(4)吸收装置

只有使用油泵时采用此装置,其作用是吸收对油泵有害的各种气体或蒸气。吸收装置由下列几部分组成:

① 冷阱:冷凝水蒸气和一些挥发性物质,冷阱外用冰—盐混合物冷却。

② 氯化钙(或硅胶)干燥塔:吸收还未除尽的残余水蒸气。

③ 氢氧化钠吸收塔:吸收酸性蒸气。

④ 石蜡吸收塔:吸收未除尽的有机物质。

(5)减压泵

参见 1.4.3 中的"8"。

2. 减压蒸馏操作方法

(1)气密性检验

进行装配前,首先检查减压泵抽气时所能达到的最低压力(应低于蒸馏时的所需值)。装配完成后,开始抽气,检查系统能否达到所要求的压力,如果不能满足要求,说明漏气,则分段检查出漏气的部位(通常是接口部分)。

(2)加入液体

解除真空,装入待蒸馏液体,其量不得超过烧瓶容积的 1/2,完全连接好装置,冷凝管通水。

(3)抽气测压

开动减压泵抽气,调节安全瓶上的活塞达到所需压力。若用毛细管防暴沸,则应调节导入毛细管的气体量,以能冒出一连串的小气泡为宜。

（4）加热与收集

用水浴或油浴加热,浴温要比实际压力下液体的沸点高出 20~30℃。当有馏分流出时,控制加热温度,使液体流出速度为 1~2 滴/s。整个蒸馏过程中密切注意温度计和压力的读数,并记录压力、沸点等数据。当达到要求时,小心转动接引管,收集馏出液,直到蒸馏结束。

（5）结束

蒸馏完毕,先除去热源,待系统稍冷后,先慢慢打开橡皮管上的螺旋夹,再慢慢打开安全瓶上的活塞,缓慢解除真空,关闭减压泵,最后关闭冷凝水。

3. 减压蒸馏注意事项

（1）蒸馏液中含低沸点组分时,应先进行简单蒸馏,再进行减压蒸馏。

（2）减压系统中应选用耐压的玻璃仪器,切忌使用薄壁的甚至有裂纹的玻璃仪器,尤其不要使用平底瓶(如锥形瓶),否则易引起内向爆炸;磨口接口处必须干净,并涂有真空油脂;橡皮管要耐压。

（3）蒸馏过程中若有堵塞或其他异常情况,必须先停止加热,稍冷后,缓慢解除真空,然后才能进行处理。

（4）抽气或解除真空时,一定要缓慢进行,否则汞柱急速变化,有冲破测压计的危险。

（5）解除真空时,一定要稍冷后进行,否则大量空气进入有可能引起残液的快速氧化或自燃,发生爆炸。

进行半微量或微量液体减压蒸馏时,如果使用能同时加热的磁力搅拌器搅动液体,就可以防止液体的暴沸,所以可不安装毛细管,可用图 6-20 所示装置进行减压蒸馏。

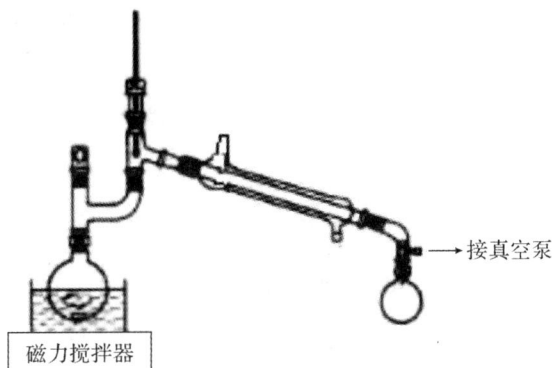

→ 接真空泵

磁力搅拌器

图 6-20　简化减压蒸馏装置

6.2.4　水蒸气蒸馏

水蒸气蒸馏是在不溶或难溶于热水并有一定挥发性的有机化合物中加入水后加热或通入水蒸气,使其沸腾,并使有机化合物在低于 100℃ 的温度下随水蒸气一起被蒸馏出来的操作。水蒸气蒸馏是分离和纯化液—液或液—固有机物的重要方法,常用在下列几种情况中:

① 在常压下蒸馏易发生分解的高沸点有机物；

② 从大量树脂状杂质或非挥发性杂质中分离有机物；

③ 从较多固体反应物中分离出被吸附的液体有机物；

④ 除去不溶于水、易挥发的有机杂质。

使用水蒸气蒸馏时，被提纯或分离的有机物必须具备下列条件：

① 不溶或难溶于水；

② 共沸腾下，与水不发生化学反应；

③ 100℃下该物质的蒸气压不小于 10mmHg(1333Pa)。

1. 水蒸气蒸馏的基本原理

当与水不溶的有机物与水一起共热时，根据分压定律，整个体系的蒸气压等于各组分蒸气压之和，即

$$p = p_{有} + p_{水}$$

式中：p 为体系总蒸气压(Pa)；$p_{水}$ 为水的蒸气压(Pa)；$p_{有}$ 为有机物的蒸气压(Pa)。当 p 等于外界大气压时，混合物开始沸腾。显然，混合物的沸点低于体系中任一单组分的沸点，表明有机物可以在较其沸点低得多的温度下被蒸馏出来。

根据气体状态方程，混合蒸气中各气体的分压之比等于它们的物质的量比，即

$$\frac{p_{有}}{p_{水}} = \frac{n_{有}}{n_{水}}$$

用质量 m 和摩尔质量 M 替换物质的量，得

$$\frac{m_{有}}{m_{水}} = \frac{M_{有}}{M_{水}} \frac{p_{有}}{p_{水}}$$

由此式可以算出需要多少水才可将一定量的有机物蒸馏出来。

2. 水蒸气蒸馏装置

实验室常用的水汽蒸馏装置由水蒸气发生器、蒸馏部分、冷凝部分和接收器组成，如图 6-21 所示。

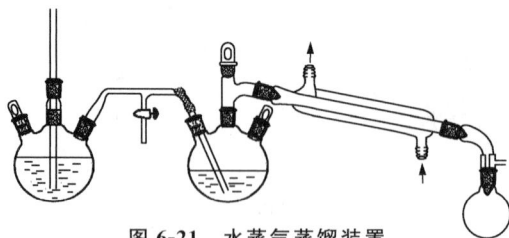

图 6-21　水蒸气蒸馏装置

（1）水蒸气发生器

可用 500mL 的蒸馏烧瓶(也有专用的金属制的水蒸气发生器)，配一根长约 1m、直径约 7mm 的玻璃管插至水面下作安全管。水蒸气发生器导出管与一根 T 形管相连，T 形管的支管套上一段短橡皮管，橡皮管用螺旋夹夹住，以便及时除去冷凝下来的水滴，T 形管的另一端与蒸馏部分的导管相连（这段导管应尽可能短些，以减少水蒸气的冷凝）。

（2）蒸馏部分

采用圆底烧瓶，为了减少由于反复换容器而造成的产物损失，常直接利用原来的反应器进行水蒸气蒸馏。

（3）冷凝部分

一般选用直形冷凝管。

（4）接收器

选择容量合适的圆底烧瓶或梨形瓶作接收器。

3. 水蒸气蒸馏操作方法

（1）将被蒸馏的物质加入烧瓶中，尽量不超过其容积的1/3，导气管尽量插到液面下（不要碰到底部），仔细检查各接口处是否漏气，并将 T 形管上螺旋夹打开。

（2）开启冷凝水，加热水蒸气发生器，当 T 形管的支管有水蒸气冲出时，逐渐旋紧 T 形管上的螺旋夹，使水蒸气通向烧瓶，开始蒸馏。

（3）如果水蒸气在烧瓶中冷凝过多，烧瓶内混合物体积增加，以至超过烧瓶容积的2/3时，或者水蒸气蒸馏速度不快时，可对烧瓶进行加热，保证烧瓶内有不激烈的蹦跳现象。

（4）当馏出液澄清透明，不含有油珠状的有机物时，即可停止蒸馏。

（5）欲中断或停止蒸馏，一定要先旋开 T 形管上的螺旋夹，然后停止加热，最后再关冷凝水。否则烧瓶内混合物将被倒吸到水蒸气发生器中。

4. 水蒸气蒸馏注意事项

（1）蒸馏过程中，必须随时检查水蒸气发生器中的安全管水位是否正常，一旦发现不正常，应立即将 T 形管上螺旋夹打开，找出原因，排除故障，然后逐渐旋紧 T 形管上的螺旋夹，继续进行操作。

（2）蒸馏过程中，必须随时观察烧瓶内混合物体积增加情况，混合物蹦跳现象，蒸馏速度是否合适，是否有必要对烧瓶进行加热。

5. 其他水蒸气蒸馏装置

图 6-22 所示是实验室经常采用的水蒸气蒸馏装置。在图 6-22（a）所示的烧瓶中放入适量的水和沸石，先加热，使水沸腾，然后从分液漏斗中滴加待分离的混合液，直至烧瓶中水蒸完后，停止加热，冷却后，烧瓶中残留液即为提纯后的有机相。

图 6-22（b）所示装置的操作方法是：将被提取或分离的混合物放于蒸馏烧瓶中，加入适量的水及沸石，安装好装置，通冷凝水。加热使液体沸腾，蒸气经恒压滴液漏斗的支管到达球形冷凝管，

(a)　　　　　　　　(b)

图 6-22　其他水蒸气蒸馏装置

冷却后的液体即储于漏斗筒里。当蒸馏烧瓶中待分离物质全部蒸完后，停止加热，冷却后，即可分出有机相。

图 6-22（b）所示装置有许多优点。如果提取出的物质密度小于水，在恒压滴液漏斗

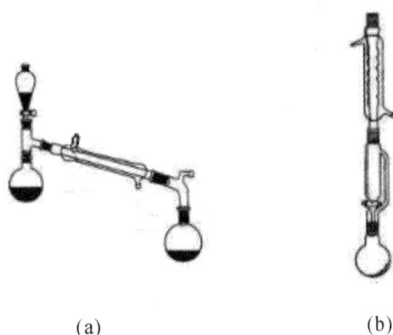

中分层后其位于上层,而下层的水可以通过活塞放回蒸馏瓶中重复使用,直至所要提取的物质全部富集到漏斗的上层,这样可以省水和节能。如果提取出的物质密度大于水,则可预先在漏斗中加入适量的有机溶剂作为萃取剂,使提取出的物质萃取到上层,下层水同样可以重复使用,蒸馏结束后,分出上层有机相,通过蒸馏除去萃取剂,即得所需的提取物。

6.2.5 分馏

分离两种沸点相差较大(大于 30℃)的液体混合物,可以采用蒸馏方法;而对于沸点相差较小的或沸点接近的液体混合物,仅用一次蒸馏不可能把它们很好地分开,若要获得良好的分离效果,可采用分馏。

1. 分馏的基本原理

分馏是在分馏柱中对液体混合物进行多次蒸馏的过程。分馏柱内有多层刺形的小平台,当混合物的蒸气进入分馏柱第一平台时,由于柱外空气的冷却,蒸气中高沸点组分冷凝为液体回流,低沸点成分上升至第二平台,在第二平台上,被冷凝回流的低沸点成分遇到从第一平台上升的气体,两者发生热交换(即对第二平台冷凝液体进行加热),使第二平台及上来的第一平台沸点较低的成分汽化上升至第三平台。如此在分馏柱的不同平台上反复进行冷凝→回流→汽化,即多次蒸馏。分馏柱顶部低沸点成分比例最高,被蒸馏出来,高沸点成分回流至烧瓶,将几种沸点相近的组分分离开来。

分馏柱的分馏能力一般用理论塔板数表示。分馏柱内的混合物经过一次汽化和冷凝的平衡过程(气液平衡),相当于一次简单蒸馏,即为一块理论塔板。显然,理论塔板数越多,分馏柱分离效果越好。而一块理论塔板数所相当的分馏柱的高度(称为理论塔板当量高度,HETP),即为分馏柱效率,HETP 越小,分馏柱的分馏效率越高。

2. 分馏装置

分馏装置如图 6-23 所示,与蒸馏装置不同的是它多了一根分馏柱。由于分馏柱构造上的差异,分馏装置有简单和精密之分。常用的分馏柱有韦氏(Vigreux)分馏柱(刺形分馏柱)和填料分馏柱两种(图 6-24)。填料分馏柱内部可装入高效填料,提高分馏效率。

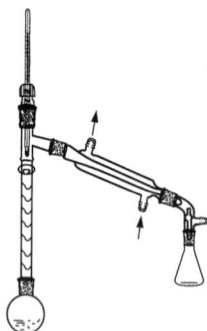

图 6-23 分馏装置

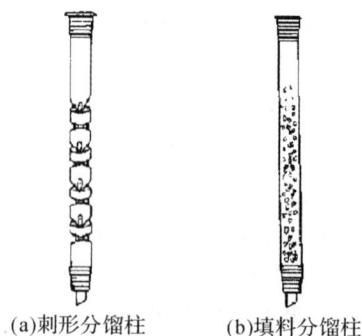

(a)刺形分馏柱   (b)填料分馏柱

图 6-24 分馏柱

3. 分馏操作方法

(1) 将待分馏的混合物放入圆底烧瓶中,加入沸石,按图 6-23 所示安装好装置。

（2）选择合适的热源，开始加热。当液体沸腾后，调节热源，使蒸气慢慢升入分馏柱，10～15min 后蒸气到达柱顶，这时可观察到温度计的水银球上出现了液滴。

（3）调小热源，让蒸气仅到柱顶而未进入支管就全部冷凝，再回流到烧瓶中，维持 5min 左右，使填料完全湿润。然后调大热源，控制液体的馏出速度为 1 滴/(2～3s)。

（4）待温度计读数骤然下降，说明低沸点组分已蒸完，可继续加热，按沸点收集第二、第三……组分的馏出液，当欲收集的组分全部收集完后，停止加热。切忌蒸干。

4．分馏注意事项

（1）为了尽量减少柱内热量的散失，并避免受外界温度影响造成柱温的波动，通常分馏柱外必须进行适当的保温（外部可包保温材料），以便能始终维持温度平衡。对于比较长、绝热又差的分馏柱，则常常需要在柱外绕上电热丝以提供外加的热量。

（2）使用高效率的分馏柱时，应控制回流比，这样可以获得较高的分馏效率。

6.2.6　共沸蒸馏

在蒸馏或分馏时，有些液体混合物会形成共沸混合物。共沸混合物是指两种或多种液体形成均相溶液，以一个特定的比例混合时，在固定的压力下，仅具有一个沸点时的混合物。该沸点称为共沸点，共沸点较纯物质的沸点更低或更高。如乙醇和水形成二元共沸混合物时，共沸点为 78.1℃，共沸混合物组成为乙醇 95.5%、水 4.5%；乙醇、乙酸乙酯和水形成三元共沸混合物时，共沸点为 70.0℃，共沸混合物组成为乙醇 9.0%、乙酸乙酯 83.2%、水 7.8%（常见共沸混合物的共沸点和组成参见附录 3）。在共沸混合物达到其共沸点时，由于其沸腾所产生的气体中各成分比例与液体中相应成分比例完全相同，因此无法用蒸馏或分馏的方法将溶液中各成分进行分离。但可用其他方法破坏共沸混合物的组成后，再进行蒸馏或分馏，来达到分离的目的。

1．共沸蒸馏基本原理

在共沸混合物中加入第三组分，该组分与原共沸混合物中的一种或两种组分形成沸点比原来组分和原来共沸混合物沸点更低的、新的具有最低共沸点的共沸混合物，使组分间的相对挥发性增大，易于用蒸馏的方法分离，这种蒸馏方法称为共沸蒸馏。加入的第三组分称为恒沸剂或夹带剂。常用的夹带剂有苯、甲苯、二甲苯、三卤甲烷、四卤化碳等。

2．共沸蒸馏装置

常用共沸蒸馏装置如图 6-25 所示。

如果在乙醇和水的共沸混合物中加入夹带剂苯，使苯—乙醇—水形成三元共沸混合物。在共沸点 65℃时蒸出，馏分分成上下两层，上层是苯和乙醇，下层是水和乙醇，用分水器使上层返回烧瓶中，这样不断蒸馏，可把水全部带走。然后蒸出苯和乙醇的二元共沸混合物（共沸点 68℃），最后烧瓶中留下很纯的乙醇。

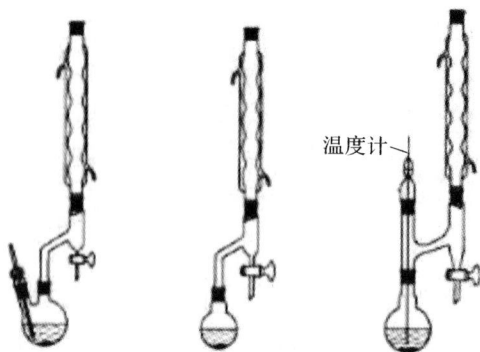

温度计

图 6-25　共沸蒸馏装置

6.3　色谱法

　　1906 年俄国植物学家 Tswett 在研究植物叶子的色素成分时,将植物叶子的萃取物倒入填有碳酸钙的直立玻璃管内,然后让石油醚从顶端自由流下,经过一段时间后,植物色素在碳酸钙柱中分散为数条平行的色带而得以分离。Tswett 将这种分离方法命名为色谱法。色谱法是分离、提纯和鉴定有机化合物的重要方法,在化学、生物和医药等领域得到了广泛的应用。

　　色谱法的基本原理是利用混合物中各组分在某一物质中的吸附或溶解性能(即分配能力)不同,或其他亲和作用性能差异,使混合物的溶液流经该物质时,发生反复的吸附或分配作用,进而使得那些吸附或分配能力只有微小差异的各组分分开。其中,流动的混合物溶液称为流动相,固定的物质称为固定相。

　　根据分离过程的原理,色谱法可分为吸附色谱、分配色谱、离子交换色谱等。根据操作条件不同,色谱法又可分为薄层色谱、纸色谱、柱色谱、气相色谱和高效液相色谱等(表 6-2)。

表 6-2　常用色谱类型

色谱类型	流动相	固定相	分离原理	应用范围
纸色谱	液体	水或固定液	分配	氨基酸、有机染料等分析
薄层色谱	液体	吸附剂	吸附	分离和纯化不易挥发的固体和液体,跟踪反应
		固定液	分配	
		离子交换树脂	离子交换	离子型物质的分离
柱色谱	液体	吸附剂	吸附	分离和纯化含官能团的有机化合物
		固定液	分配	
		离子交换树脂	离子交换	离子型物质的分离

色谱类型	流动相	固定相	分离原理	应用范围
气相色谱	气体	吸附剂	吸附	快速分离分析微量气体、液体和固体,跟踪反应
		固定液	分配	
高效液相色谱	液体	吸附剂	吸附	适用范围与柱色谱相同,且具有分离速度快、分离效能高、灵敏度高的特点
		固定液	分配	
		凝胶	凝胶渗透	

6.3.1 薄层色谱

1. 薄层色谱的基本原理

薄层色谱(thin layer chromatography,TLC)是一种固—液吸附色谱,将样品点在涂有吸附剂(固定相)的玻璃板上,然后放到有机溶剂(流动相或展开剂)中,由于样品中各组分在固定相和流动相中的吸附和解吸能力不同,从而达到分离的目的。该法设备简单,快速简便,选择性强。它不仅适用于有机物的鉴定、纯度的检验、定量分离和反应过程的监控,而且还常用于柱层析的先导,即在大量分离之前,先用薄层色谱进行探索,初步了解混合物的组成情况,寻找适宜的分离条件。

2. 薄层色谱操作流程

(1) 吸附剂和黏合剂的选择

① 吸附剂:薄层色谱常用的吸附剂是硅胶和氧化铝。硅胶是无定形多孔性物质,略具酸性,适用于酸性和中性物质的分析分离,是目前使用最多的薄层吸附剂。薄层用硅胶分为硅胶 H(不含黏合剂)、硅胶 G(含煅石膏($2CaSO_4 \cdot H_2O$)作黏合剂)、硅胶 HF_{254}(含荧光物质,可在波长 254nm 的紫外光下观察荧光)和硅胶 GF_{254}(含有煅石膏和荧光物质)。与硅胶相似,薄层用氧化铝也因含煅石膏和黏合剂而分为氧化铝 G、氧化铝 GF_{254} 和氧化铝 HF_{254} 等。氧化铝的极性比硅胶大,宜用于分离中性或偏碱性极性小的化合物。

② 黏合剂:黏合剂除煅石膏外,还可用 5% 淀粉、0.5%～1% 羧甲基纤维素钠(CMC)等。加黏合剂的薄层板称为硬板,不加黏合剂的称为软板。

(2) 薄层板的制备

薄层板制备的好坏直接影响分离效果。薄层板应尽可能均匀且厚度固定(0.2～1mm)。如果太薄,则样品分不开;如果太厚,则展开时会出现拖尾;如果厚薄不一致,色谱结果不易重复。倾注法、平铺法和浸涂法是常用的制板方法。

① 倾注法:首先将吸附剂调成均匀的糊状物,一般来说 1g 硅胶 G 加水 2.5～3mL,调匀后的糊状物倒在玻璃片上,用玻璃棒摊开,用拇指和食指捏住玻璃片上端或相对侧边,左右上下倾斜,使糊状物铺开,然后轻敲玻璃片,使表面均匀光滑,最后将铺好的玻璃板放在水平的台面上,自然干燥。

② 平铺法:可用自制的涂布器涂布(图 6-26)。将洗净的几块玻璃片摆在涂布器中间,上下两边各夹一块比前者厚 0.25～1mm 的玻璃板,将浆料倒入涂布器的槽中,然后

将涂布器自左向右推去,即可将浆料均匀铺于玻璃板上。若无涂布器,也可将浆料倒在左边的玻璃板上,然后用边缘光滑的不锈钢尺或玻璃片将浆料自左向右刮平,即得一定厚度的涂层。

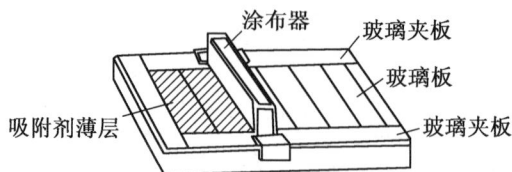

图 6-26 薄层涂布器

③ 浸涂法:将载玻片浸入盛有浆料的容器中,浆料高度约为载玻片长度的 5/6,使载玻片涂上一层均匀的吸附剂。

（3）薄层板的活化

将涂好的薄层板在室温下水平放置晾干后,放入烘箱内加热活化。硅胶板一般在 $105 \sim 110℃$ 的烘箱中加热 30min。氧化铝板一般在 $150 \sim 160℃$ 的烘箱中加热 4h,得到活性为 Ⅲ～Ⅳ 级的薄层板;在 $200 \sim 220℃$ 加热 4h,得到活性为 Ⅱ 级的薄层板。薄层板的活性随含水量的增加而降低,经活化后暂不用的薄层板应放入干燥箱备用。

（4）点样

在距活化好的薄层板两端约 1cm 处用铅笔轻轻画一条线作为起点线和终止线。用内径小于 1mm 的毛细管吸取样品溶液(一般以石油醚、乙醚、乙酸乙酯、氯仿、乙醇等作溶剂配成浓度为 1% 的溶液),垂直地轻轻点到薄层的起点线上。如果溶液太稀,一次点样不够,需等第一次点样干后,再点第二次、第三次……点样后的斑点直径一般不要超过 2mm。一块板上点几个样时,点样间距要达到 $1 \sim 1.5$cm。点样量太多时易造成斑点过大,交叉拖尾,不能得到很好的分离;点样量若太少,则斑点不清,有的成分不易显出。

（5）展开

展开剂带动样品点在薄层板上移动的过程称为展开。薄层的展开可在密闭的玻璃容器中进行。先将选好的展开剂放入瓶中,展开剂高度小于 1cm,再将点好试样的薄板放入瓶中,点样的位置必须在展开剂的液面之上,盖上瓶盖后进行展开。当展开剂上升到终点线时,取出薄板,晾干,或用热风小心吹干后,即可显色。

（6）显色

展开完毕的薄层板,如果化合物本身有颜色,可直接观察它的斑点,计算出比移值 R_f。如果本身无色,可先在紫外灯下观察有无荧光斑点,用铅笔轻轻在薄层上画出斑点的位置;也可在溶剂蒸发后用显色剂喷雾显色。一些常用的显色剂见表 6-3。把薄层板放在含有少量碘的密闭玻璃容器中,由于许多有机化合物能和碘络合形成棕色斑点,因此也可用来检查色点。用碘显色时一定要晾干溶剂,因为碘蒸气能与溶剂分子结合,如果不晾干就会掩盖样品点的颜色,但当薄层板长久置于空气中,碘蒸气挥发后,棕色斑点即消失,所以显色后,应立即用铅笔标出斑点位置。

表 6-3　常用的显色剂

显色剂	配制方法	能被检出对象
浓硫酸	98％硫酸	大多数有机化合物在加热后可显黑色斑点
碘蒸气	将几粒碘放入展开缸中	很多有机化合物显黄棕色
碘的氯仿溶液	0.5％碘的氯仿溶液	很多有机化合物显黄棕色
磷钼酸乙醇溶液	5％磷钼酸乙醇溶液喷后 120℃烘干	还原性物质显蓝色,氨熏背景变为无色
铁氰化钾-三氯化铁试剂	1％铁氰化钾,2％三氯化铁,使用前等量混合	还原性物质显蓝色,酚、胺再喷 2mol/L 盐酸,蓝色加深
四氯邻苯、二甲酸酐	2％溶液,溶剂为丙酮-氯仿(10∶1)	芳烃
硝酸铈铵	6％硝酸铈铵的 2mol/L 硝酸溶液	薄层板在 105℃烘 5min,之后喷显色剂,多元醇在黄色底色上有棕黄色斑点
香兰素-硫酸	3g 香兰素溶于 100mL 乙醇中,加入 0.5mL 浓硫酸	高级醇及酮显绿色
茚三酮	0.3g 茚三酮溶于 100mL 乙醇中,喷后 110℃出现斑点	氨基酸、胺、氨基糖

用各种方法显色后,可根据原点离斑点中心(斑点颜色最深处)和展开剂前沿的距离,计算 R_f,如图 6-27 所示。

$$R_f = \frac{原点中心到组分斑点中心的距离}{原点中心到展开剂前沿的距离} = \frac{a}{b}$$

比移值表示物质移动的相对距离。同一物质在相同的实验条件下才具有相同的 R_f 值,所以在利用薄层色谱分离与鉴定各种化合物时,为了得到重复和较可靠的结果,必须严格控制条件,如吸附剂和展开剂的种类、层析温度等;在测定时,最好用标准物质进行对照。

图 6-27　R_f 计算示意图

6.3.2　纸色谱

1. 纸色谱基本原理

纸色谱法又称纸上层析法,其实验技术与薄层色谱有些相似,但分离的原理更接近于萃取。在纸色谱中,滤纸是载体,不是固定相,滤纸上的水才是固定相(纤维素能吸收多达 22％的水),展开剂为流动相。当色谱展开时,展开剂受毛细作用,沿滤纸上升经过点样处,样品中各组分在两相中不断进行分配。由于它们的分配系数不同,在流动相中具有较大溶解度的组分移动速度较快,而在水中溶解度较大的组分移动速度较慢,从而达到分离的目的。

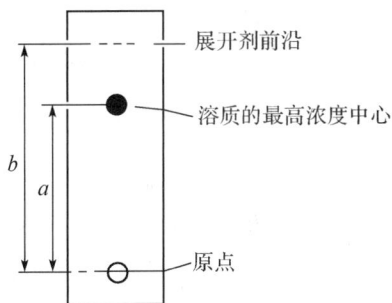

2. 纸色谱操作流程

（1）滤纸的选择

选择的滤纸应厚薄均匀、平整无折痕，通常用新华 1 号滤纸。滤纸大小可自行选择，一般长 20～30cm，宽度依样品个数的多少而定。操作时手指不能与滤纸的层析部分接触，否则指印将和斑点一起显出。

（2）展开剂的选择

要根据被分离物质的性质，选用合适的展开剂。水是展开剂的一个组分，因此所有展开剂通常需先用水饱和，以使展开剂在滤纸上移动时有足够水分供给滤纸吸附。如展开剂正丁醇-水，就是指用水饱和的正丁醇。

（3）点样

点样方法与薄层色谱相同。

（4）展开

常采用上升法展开。展开需在密闭的层析缸中进行，在层析缸中加入展开剂，将滤纸的一端悬挂在层析缸的支架上，另一端浸在展开剂液面下 1cm 左右，并使试样的原点在液面之上，如图 6-28 所示。由于毛细作用，展开剂沿滤纸条慢慢上升，当接近终点时，取出纸条，记下展开剂前沿位置，晾干。

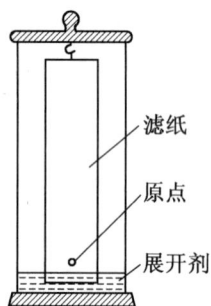

滤纸
原点
展开剂

图 6-28　纸色谱上升法展开

（5）显色

显色方法与薄层色谱相似。

6.3.3　柱色谱

1. 柱色谱基本原理

柱色谱法是利用色谱柱将混合物各组分实现分离的方法。根据分离原理可分为吸附柱色谱、分配柱色谱和离子交换柱色谱等，其中吸附柱色谱应用最广。

吸附柱色谱是将吸附剂氧化铝或硅胶装填在玻璃柱中，液体样品从柱顶加入，当样品流过吸附柱时，各种成分同时被吸附在柱的上端，然后从柱顶加入洗脱剂洗脱。当洗脱剂流下时，由于固定相对各组分吸附能力不同，各组分往下洗脱的速度也不同，于是形成了不同层次的一段一段层带将各组分分开。

分配柱色谱与液—液连续萃取法相似，它是利用混合物中各组分在两种互不相溶的液相间的分配系数不同而进行分离，常以硅胶、硅藻土和纤维素作为载体，以吸附的液体作为固定相。

离子交换柱色谱是基于溶液中的离子与离子交换树脂表面的离子之间的相互作用，使有机酸、碱或盐类得到分离。

2. 柱色谱操作流程

（1）吸附剂的选择

常用吸附剂有硅胶、氧化铝、氧化镁、碳酸钙和活性炭等。选择的吸附剂绝不能与被分离物质以及展开剂发生化学反应，一般要经过纯化和活化处理，并要求吸附剂颗粒大小合适、均匀。颗粒细，则表面积大，吸附能力强，但流速慢；颗粒粗，则吸附能力弱，流速快但分离效果差。氧化铝粒度一般为100～150目，硅胶为100～200目。吸附剂的用量为被分离样品的30～50倍，对于难分离的样品，用量可达100倍或更多。

硅胶和氧化铝是柱色谱中应用最为广泛的吸附剂。硅胶略带酸性，适用于分离极性较大的酸性和中性化合物。氧化铝有中性、酸性和碱性三种。中性氧化铝pH值约为7.5，适用于分离醛、酮、醌和酯类等化合物；酸性氧化铝pH值为4～4.5，适用于分离有机酸等酸性化合物；碱性氧化铝pH值为9～10，适用于分离碳氢化合物、生物碱和胺类化合物。

吸附剂的吸附能力与其含水量及被吸附化合物的极性有关，吸附剂本身含水量越低，吸附能力越强；被吸附化合物分子极性越强，吸附能力越大。例如，氧化铝对下列化合物的吸附能力从强到弱依次为：酸、碱＞醇、胺、硫醇＞酯、醛、酮＞芳香族化合物＞卤代烃＞醚＞烯烃＞烷烃。

（2）溶剂和洗脱剂的选择

用以溶解样品的溶剂与用来洗色谱柱的洗脱剂，两者常为同一物质。在选择时可从样品中各组分的极性、溶解度和吸附剂的活性等来考虑，且经常要凭经验决定。

溶剂的极性应小于样品的极性（否则溶剂被吸附，样品不被吸附而保留在流动相中）；溶剂对样品的溶解度要合适（过大会影响吸附，过小则增加溶液的体积，使"色带"变宽）；极性越大，洗脱能力越强，化合物移动就越远。因此，在多组分物质分离时，洗脱剂应从极性小的开始使用，使最容易洗脱的组分先分离，然后逐渐增加洗脱剂的极性，使极性不同的化合物按极性由小到大的顺序自色谱柱中洗脱下来。常用洗脱剂的极性与洗脱能力的递增顺序为：己烷、石油醚＜环己烷＜四氯化碳＜二硫化碳＜苯＜二氯甲烷＜氯仿＜乙醚＜乙酸乙酯＜丙酮＜乙醇＜甲醇＜水＜乙酸。

也可以使用混合溶剂，其极性介于单一溶剂极性之间，并逐步增加极性较大溶剂的比例，使吸附性强的组分洗脱下来。有时还可以采用梯度淋洗法，即在洗脱过程中，连续改变洗脱剂的组成，使溶剂极性逐渐增加，这样的洗脱可使样品中的组分在较短时间内分离完毕。

选好的洗脱剂是否合适，可通过薄层色谱实验来确定。具体方法：先用少量溶解好的样品在薄层板上点样，用少量展开剂展开，观察各组分在薄层板上的位置。能将样品中各组分完全展开的展开剂，即可作为柱色谱的洗脱剂。

（3）色谱柱的装填

色谱柱一般用透明的玻璃做成，以便于观察实验情况，底部的玻璃活塞应尽量不涂油脂，以免污染洗脱液。柱子大小视处理量而定，通常柱的直径与高度之比为1∶(10～70)。

先将色谱柱垂直地固定于支架上，柱的下端铺一层脱脂棉（或玻璃棉）。为了保持平整的表面，可在脱脂棉上再铺一层约5mm厚的石英砂，有的色谱柱下端已用砂芯片烧结而成，可直接装柱。常见的色谱柱见图6-29。

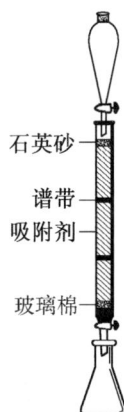

石英砂

谱带
吸附剂

玻璃棉

图 6-29　色谱柱

装柱方法有干法装柱和湿法装柱两种。

① 干法装柱:将干燥的吸附剂经短颈玻璃漏斗均匀地成一细流慢慢注入柱中,并经常用橡皮锤或大橡皮塞轻轻敲击管壁,使柱子填装尽可能均匀、紧密,直到吸附剂的高度约为柱长的 3/4 为止。然后沿管壁慢慢地倒入洗脱剂,并打开下端活塞,使洗脱剂缓缓流出,以除去吸附剂中可溶性杂质及驱赶气泡,同时用橡皮锤轻轻敲击柱身,直至柱身均匀无气泡且柱上端吸附剂界面不再下移为止。再铺上 0.5cm 厚的石英砂或用小的圆滤纸覆盖,以防加入样品或洗脱剂冲动吸附剂表面。

② 湿法装柱:将吸附剂用极性最低的洗脱剂调成糊状,向柱中加入约 3/4 柱高的洗脱剂,再将调好的吸附剂边调边敲倒入柱中,同时打开下端活塞,用干净的锥形瓶接收流出的洗脱剂。待所有的吸附剂全部装完后,用流出的洗脱剂转移残留的吸附剂,并将柱内壁残留的吸附剂淋洗下来。在此过程中,柱内洗脱剂的高度始终不能低于吸附剂最上端,并不断敲击色谱柱,使色谱柱填充均匀并没有气泡,最后加入石英砂或一张圆滤纸。这种方法比干法好,因为它可把留在吸附剂内的空气全部赶出,使吸附剂均匀地填在柱内。

(4)加样

加样也有干法和湿法两种。

① 湿法加样:将样品溶于尽可能少的溶剂中,当洗脱剂液面刚好流至石英砂面时,用滴管将配好的溶液沿管壁一次加入至柱顶部,打开下端活塞,使样品进入石英砂层后,再加入少量的洗脱剂将壁上的样品淋洗下来。如此反复 2～3 次,待这部分液体的液面和吸附剂表面相平齐时,开始用洗脱剂进行洗脱。

② 干法加样:将样品加少量溶剂溶解,再加入约 5 倍量的吸附剂,在研钵中研均匀后,在红外灯下拌和成疏松状,然后将该混合物均匀平摊在石英砂顶端,再在上面加盖一薄层石英砂。

(5)洗脱

开启柱下端活塞,使液体缓慢流出,当柱内液面与吸附剂表面相平齐时,即可打开安置于柱上端装有洗脱剂的滴液漏斗进行洗脱,控制洗脱液流出速度以 1～2 滴/s 为宜。如果洗脱速率太慢,可通过加压的方法来加速。注意:洗脱液要始终保持一定的高度,绝对不能让吸附剂表面的洗脱剂流干。

为了提高洗脱效率,可采用分段洗脱和梯度洗脱方法。分段洗脱就是先用极性较弱的洗脱剂洗脱,再用极性较强的洗脱剂分段进行洗脱。梯度洗脱是采用两种以上极性不同的混合溶剂洗脱,依次增加混合溶剂中极性强的溶剂比例,形成一个极性梯度,从而逐步提高溶剂的洗脱能力。

(6)接收

用锥形瓶收集洗脱液,具体收集量要视情况而定,一般 5～20mL 为一瓶。所得洗脱液可用薄层色谱或纸色谱跟踪,含相同物质的洗脱液合并在一起。对有色物质,也可按色带分别收集。无色的样品如果经紫外光照射能呈荧光,则可用紫外光照射来观察和监测混合物分离和洗脱的情况。

洗脱液合并后,蒸去溶剂就可以得到某一组分。如果是几个组分的混合物,需用新的色谱柱或通过其他方法进一步分离。

6.3.4 气相色谱

1. 气相色谱基本原理

气相色谱(gas chromatography,GC)是以惰性气体作为流动相,利用试样中各组分在色谱柱中的气相和固定相间的分配系数不同而进行分离的一种技术。固定相为固体的叫气—固色谱,固定相为液体的叫气—液色谱,其中气—液色谱应用较广。

气—液色谱的色谱柱内装有一种多孔、惰性、具有一定粒度的固体颗粒(担体),其表面涂上一层低挥发性的高沸点有机化合物液膜(固定液)。进样后,汽化后的试样被载气带入色谱柱中,由于样品中的各组分在固定相中的溶解能力不同,随着载气的流动,各组分在两相间反复进行吸附—脱附—吸附—脱附……最后在固定相中溶解能力弱的组分移动快,溶解能力强的组分移动慢,达到相互分离的目的。

2. 气相色谱仪及操作流程

气相色谱仪(图 6-30)的型号很多,大致都由载气系统、进样系统、分离系统、温度控制系统、检测系统、记录系统六部分组成。气相色谱仪操作程序如下:

(1) 仪器调节

载气由高压钢瓶中流出,经减压阀降压到所需压力后,通过净化干燥管使载气净化,再经稳压阀和转子流量计后,调节载气流速。调节温度控制系统使汽化室、色谱柱和检测器达到操作温度。

(2) 进样、分离、检测和记录

图 6-30 气相色谱仪

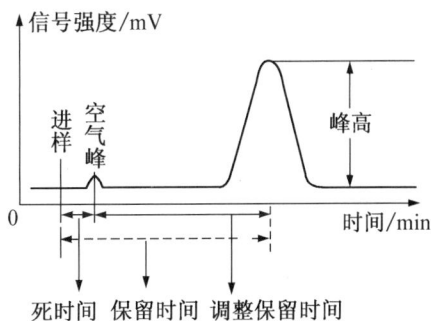

当仪器稳定后,用色谱专用的微量进样器进样。样品汽化后被载气带入色谱柱内进行分离,各组分先后进入检测器,检测器将每种组分按其含量大小转换成电信号,电信号再经放大后被记录仪记录下来。

3. 定性定量分析

以电信号强度为纵坐标,各组分流出时间为横坐标得色谱图(图 6-31)。第一小峰常是空气峰,从进样到出现各组分色谱峰的最高点为保留时间。在相同的操作条件下,由于每一组分都有一定的保留时间,且不受其他组分的影响,因此可对有机化合物进行定性分析。样品中每一组分的浓度与峰的面积或峰高成正比,所以利用外标样比较法、归一化法(按混合物的总峰面积为100 计算)和内标法(将一定浓度的标样加到样品中)对各组分进行定量分析。

图 6-31 气相色谱图

6.3.5 高效液相色谱

1. 高效液相色谱基本原理

高效液相色谱法（high performance liquid chromatography，HPLC）是以高压下的液体为流动相，并采用颗粒极细的高效固定相的柱色谱进行分离、分析的技术。高效液相色谱与气相色谱的主要差别在于流动相和操作条件。气相色谱需要在接近组分的沸点温度下进行，仅适用于沸点低于 $500℃$ 的样品的分离、分析；而高效液相色谱一般在室温下进行，因而高效液相色谱对样品的适用范围更广。目前，已经有 80% 的有机化合物能用高效液相色谱进行分离、分析，特别是那些高沸点、难挥发、热稳定性差的有机化合物的分离、分析。

2. 高效液相色谱仪及操作流程

高效液相色谱仪（图 6-32）型号也很多，主要由贮液器、高压泵、进样阀、色谱柱和检测器构成。

其分析流程为：经脱气的流动相（溶剂）从贮液器通过过滤器，由高压泵进入进样阀，带着样品，依次进入预柱（保护分离柱）和色谱柱。在色谱柱中，样品逐渐分离成各种组分，再进入检测器，检测结果由记录系统输出，样品的各组分可回收。

高效液相色谱用于定性和定量分析的方法原理与气相色谱相同。

用于高效液相色谱的样品不能含有水、酸、碱等影响分离效果或腐蚀仪器的有害杂质。液体样品可以直接测定；固体样品需配成溶液。常用的溶剂有烃类、卤代烃、甲醇、乙腈、四氢呋喃等，溶剂在使用前要进行纯化处理。

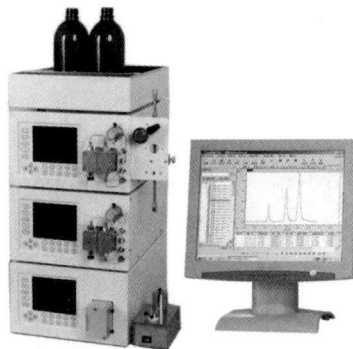

图 6-32 高效液相色谱仪

第7章　有机化合物物理常数测定技术

Chapter 7　Determination techniques of physical constant of organic compounds

7.1　熔点的测定

7.1.1　溶点测定的基本原理

所谓熔点,是指一个大气压下固体化合物的固相与液相平衡时的温度。每种纯净的固体有机化合物一般都有一个固定的熔点,即从固体开始熔化(始熔)到全部熔化(终熔)的温度差(熔程)不超过 0.5～1℃。因此,熔点是鉴定固体有机化合物的一个重要物理常数,也是化合物纯度的判断标准。当化合物中混有杂质时,始熔温度降低,熔程变长。

7.1.2　熔点测定装置与方法

熔点的测定方法主要有毛细管测定法和显微熔点仪测定法。

1. 毛细管测定法

（1）熔点管的选择

选择内径约 1mm、长 6～7cm、一端封闭的毛细管作为熔点管。

（2）样品管的填装

将干燥的粉末试样在表面皿上用玻璃棒研细后,堆成小堆,将熔点管的开口端插入试样中,装取少量粉末。然后把熔点管竖立起来,在桌面上蹾几下,使样品掉入管底。这样反复取样多次,最后使熔点管从一根长 40～50cm 高的玻璃管中掉到表面皿上,多重复几次,使样品粉末紧密、均匀地堆积在毛细管底部。为了使测量结果准确,样品一定要研得很细,填充要均匀且紧密,样品柱高度 2～3mm,用橡皮圈将样品管绑在温度计下端。

（3）测定装置

毛细管法测定熔点的装置很多,常用的有 Thiele 管（b 形管）和双浴式两种测定装置。

① Thiele 管：如图 7-1 所示,将 Thiele 管固定在铁架台上,管口配一开槽的单孔软木塞,温度计插入孔中,并使刻度面向开口,水银球位于 Thiele 管上下两侧管中间,样品管部分置于水银球侧面中部。往 Thiele 管中加入浴液至高出 Thiele 管上侧管即可。浴液一般用液状石蜡、浓硫酸和硅油等,如果测定熔点在 140℃ 以下,最好用液状石蜡或甘油,140℃ 以上则用浓硫酸。

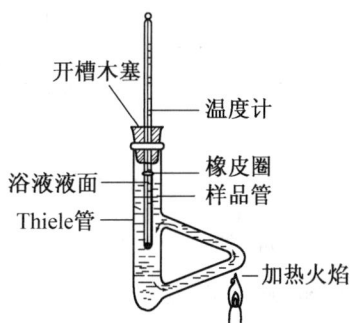

图 7-1　Thiele 管熔点测定装置

② 双浴式：用如图 7-2 所示的双浴式熔点测定装置测定的熔点准确性较 Thiele 管法高。烧瓶内浴液为烧瓶容积的 1/2，加热时热浴隔着空气把温度计和样品加热，所以受热很均匀。试管内也可装浴液。

（4）测定方法

测定熔点的关键是对加热速度的控制和样品熔化的观察。一般方法是先以 5℃/min 的升温速率加热，观察样品熔化时的温度，得样品的大概熔点（粗测熔点）。然后待热浴温度下降至样品熔点以下 20~25℃时，更换一根样品管，参考粗测的熔点进行精确测定（精测熔点）。精测时，开始以 5℃/min 的速率升温，待温度升到距熔点 10~15℃时，调节火力，以 1℃/min 缓慢均匀升温，注意观察样品管中样品柱的变化。记录样品柱开始塌落并刚有小液滴出现（始熔）和样品恰好完全熔化为透明液体（终熔）时的这两个温度，注意记录格式为"始熔温度~终熔温度"，不记录始熔和终熔的平均温度。对每种样品，熔点测定至少要有两次重复的数据。

图 7-2　双浴式熔点测定装置

2. 显微熔点仪测定法（微量熔点测定法）

显微熔点仪型号较多，共同特点是使用样品量少（2~3 颗小结晶），可清楚观察晶体在加热过程中的变化情况，测量熔点的范围为室温至 300℃。图 7-3 所示是 X-5 型显微熔点测定仪。显微熔点仪的具体操作如下：

取两片干净且干燥的载玻片将微量晶粒样品夹在中间，放在加热平台上，用手柄调节显微镜高度，直至可以清

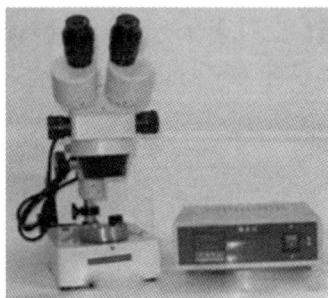

图 7-3　X-5 型显微熔点测定仪

楚地看到晶体。打开加热开关，先快速后慢速升温，待温度升至距样品熔点值 10℃左右时，放慢加热速度，控制温度上升速度为 1~2℃/min。当样品结晶棱角开始变圆时，表示熔化已开始，结晶形状完全消失表示熔化已经完成，记录熔程。

测毕停止加热，稍冷，用镊子取出载玻片，放在小烧杯中，将散热器放在加热台上，使其快速冷却，以便再次测试或收存仪器。当温度降至熔点以下 40℃时即可重复测试。注意在使用仪器前必须仔细阅读使用指南，严格按照操作规程进行。

7.2　沸点的测定

7.2.1　沸点测定的基本原理

液体加热时，当其蒸气压增大至与外界施加给液面的总压力（通常是大气压力）相等时，液体就会沸腾，这时的温度称为该液体的沸点。显然，液体的沸点与外界压力有关，外界压力不同，同一液体的沸点会发生变化。在一定压力下，纯的液体有机物具有固定的沸点，但当液体不纯时，则沸点有一个稳定的温度范围，常称为沸程。纯化合物的沸程一般较窄，为 0.5~1℃。因此，一般可以利用测定化合物的沸点来鉴别某一化合物是否纯净。

但必须指出,凡具有固定沸点的液体不一定为纯净的化合物,因为共沸混合物也有固定的沸点。

7.2.2 沸点测定装置与方法

沸点测定有常量法和微量法两种方法。

1. 常量法

常量法是采用蒸馏法测沸点,液体用量在 10mL 以上,操作方法参见 6.2.2 中的"2"。

2. 微量法

微量法是利用沸点测定管来测定液体的沸点。

(1) 测定装置

微量法沸点测定装置如图 7-4 所示。沸点测定管由内管(长 4～5cm、内径 1mm 的毛细管)和外管(长 7～8cm、内径 4～5mm 的玻璃管)两部分组成。内、外管均为一端封闭的耐热玻璃管。

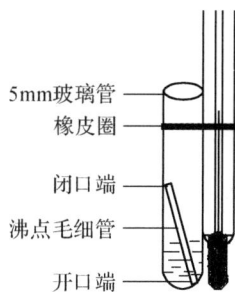

(2) 测定方法

装样品时,把外管略微温热,迅速地把开口一端插入样品中,这样,就有少量液体吸入管内。将管直立,使液体流到管底,样品高度应为 6～8mm。也可以用细吸管把样品装入外管,然后把内管口朝下插入液体中。将外管用橡皮圈或细铜丝固定在温度计上,置于热浴中慢慢加热。随着温度升高,管内的气体分子动能增大,表现出蒸气压增大。随着加热的进行,液体分子的汽化加快,可以看到内管中有小气泡冒出。当温度达到比沸点稍高时就有一连串的气泡快速逸出,此时停止加热,使热浴温度自行下降。随着温度的下降,气泡逸出的速度渐渐减慢。在气泡不再冒出而液体刚刚要进入内管的瞬间(毛细管内蒸气压与外界相等时),此时的温度即为该液体的沸点。测定时加热要慢,外管中的液体量要足够多。重复操作几次,误差应小于 1℃。

图 7-4 微量法沸点测定装置

(标注:5mm玻璃管、橡皮圈、闭口端、沸点毛细管、开口端)

7.2.3 沸点的校正

标准大气压为 760mmHg 柱高度产生的压力。但由于地区不同,地势高低不同,大气压也会因之略有不同;即使在同一地点,大气压也随着气候的变化而在一定的范围内变化。事实上,大气压恰好符合 760mmHg 柱高度压力的情况是很少的,但在大气压稍有偏高或偏低时测得的沸点可按下列公式转换成标准状态时的沸点。

$$T_0 = t - (0.030 + 0.00011t) \times \Delta p$$

式中:T_0 为标准状态时的沸点,单位为℃;t 为测得的沸点,单位为℃;Δp 为测定时大气压与标准大气压之差,单位为 mmHg。

也可通过测定的沸点估计测定误差。

7.3 旋光度的测定

7.3.1 旋光度测定的基本原理

能使偏振光的振动平面旋转一定角度的化合物称为手征性化合物,又称旋光性物质或光学活性物质。旋转的角度称为旋光度(α)。使偏振光振动平面向右旋转(顺时针方向)的叫右旋光物质(用"+"表示),向左旋转(逆时针方向)的叫左旋光物质(用"—"表示)。用旋光仪测得的旋光度的大小与测定时所用样品的浓度、样品管的长度、测定的温度、所用光波的波长及样品溶剂的性质有关。通常用比旋光度($[\alpha]_\lambda^t$)表示物质的旋光度,它与旋光度(α)的换算关系如下:

$$[\alpha]_\lambda^t = \frac{\alpha}{\rho \cdot L}$$

式中:α 为旋光仪测得的旋光度;L 为样品管的长度,单位为 dm;λ 为光源的波长,通常是钠光源中的 D 线,以 D 表示;t 为测定时的温度,单位为 ℃;ρ 为溶液质量浓度,以 1mL 溶液中所含溶质的克数表示,单位为 g/mL(如果测定的旋光性物质为纯液体,ρ 为密度)。

表示旋光度时还要注明测定时使用的溶剂。

由比旋光度可以计算光活性物质的光学纯度(op)。其定义为旋光性物质的比旋光度(测量值)除以光学纯样品在相同条件下的比旋光度(理论值),即

$$op = \frac{[\alpha]_{\lambda,\text{测}}^t}{[\alpha]_{\lambda,\text{理}}^t} \times 100\%$$

比旋光度是一常数,所以旋光度的测量对鉴定、合成、研究旋光性化合物都是重要的。

7.3.2 旋光度测定装置与方法

可用旋光仪来测量手征性化合物的旋光度。旋光仪的种类很多,不同的旋光仪所测旋光的范围、读数的形式差别很大 ,在使用旋光仪前要先阅读说明书,掌握操作方法,了解注意事项。现在的旋光仪都是自动调节,自动显示读数,测定精确,使用很方便。图7-5所示为 WZZ-2A 型自动旋光仪。

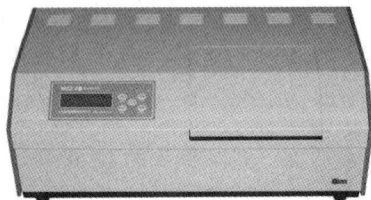

图 7-5 WZZ-2A 型自动旋光仪

测定步骤如下:

(1)配制溶液,准确称量 0.1～0.5g 样品,放到 25mL 容量瓶中配成溶液。一般溶剂可选用水、乙醇、氯仿等。

(2)仪器接在 220V 交流电源上,打开电源开关,预热 5min,钠光灯点亮。

(3)打开示数开关,调节零位手轮,使旋光度值为零。

(4)将样品管装蒸馏水或空白溶剂,放入样品室,盖上箱盖。样品管中若有气泡,让气泡浮在凸处,用软布揩干通光面两端的雾状水滴。样品管螺帽不宜旋得过紧,以免产生应力,影响读数。检查零点是否变化。

(5)取出样品管,倒掉空白试剂,用待测液冲洗两三次,将待测液注入样品管中,按相

同位置和方向放入样品室内,盖好箱盖,仪器数显窗将显示该样品的旋光度。

（6）按复测按钮,重复读几次数,取平均值为样品的测定结果。

（7）测定温度要求在 20±2℃。温度升高 1℃,大多数旋光性物质的旋光度减少 0.3%。

7.4 折射率的测定

7.4.1 折射率测定的基本原理

光在两种不同介质中的传播速度是不相同的。光线从一种介质进入另一种介质,当它的传播方向与两种介质的界面不垂直时,则在界面处其传播方向发生改变,这种现象称为光的折射。

根据折射定律,波长一定的单色光在确定的外界条件(温度、压力等)下,从一种介质 A 进入另一种介质 B 时,入射角 α 和折射角 β 的正弦之比与两种介质的折射率 N 与 n 之比成反比:

$$\frac{\sin\alpha}{\sin\beta} = \frac{n}{N}$$

（1）当介质 A 为真空时,$N=1$,n 为介质 B 的绝对折射率,则

$$n = \frac{\sin\alpha}{\sin\beta}$$

（2）当介质 A 为空气时,$N_{空气}=1.00027$(空气的绝对折射率),则

$$\frac{\sin\alpha}{\sin\beta} = \frac{n}{N_{空气}} = \frac{n}{1.00027} = n'$$

式中:n' 为介质 B 的相对折射率。n 与 n' 数值相差很小,常以 n 代替 n'。但进行精密测定时,应加以校正。

n 与物质结构、光线的波长、温度及压力等因素有关。通常大气压的变化影响不明显,只是在精密工作时才考虑。使用单色光要比使用白光时测得的值更为精确,因此,常用钠光源中的 D 线($\lambda=598.3nm$)作光源。可用在恒温水浴槽与折射仪间循环恒温水来维持恒定温度。一般温度升高(或降低)1℃时,液体有机化合物的折射率就减少(或增加) $3.5\times10^{-4}\sim5.5\times10^{-4}$。为了简化计算,常采用 4.5×10^{-4} 为温度变化常数。折射率表示为 n_D^{20},即以钠光源中的 D 线为光源、20℃时所测定的 n 值。

不同温度(t)下测定的折射率(n_D^t)可通过下式换算成20℃时的折射率(n_D^{20}):

$$n_D^{20} = n_D^t + 4.5\times10^{-4}(t-20)$$

折射率同熔点、沸点等物理常数一样,是有机化合物的重要数据。将测定的所合成的有机化合物的折射率与文献值对照,可以判断有机化合物的纯度,通过结构及化学分析论证后,可作为一个物理常数来记载。

7.4.2 折射率测定装置与方法

常用阿贝折射仪(图 7-6)来测量有机化合物的折射率。操作方法如下:

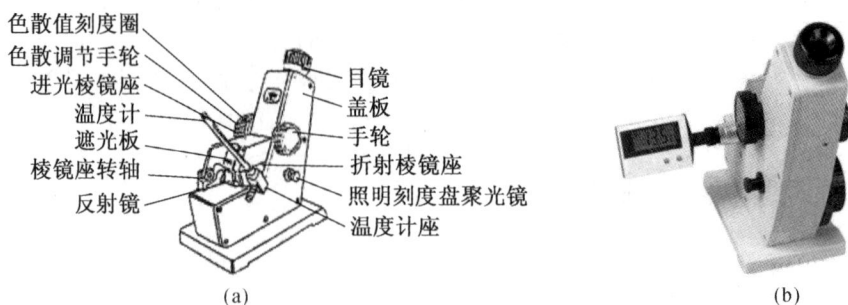

图 7-6　阿贝折射仪结构

1. 准备

将折射仪与恒温槽相连接,恒温后(一般是(20±0.1)℃),小心扭开直角棱镜的闭合旋钮,把上下棱镜分开。用丝绸或擦镜纸蘸取少量乙醇、丙酮或乙醚沿一个方向轻轻擦洗上下镜面。待完全干燥后在下棱镜(要处于水平位置)上加 1 滴蒸馏水,关闭棱镜,转动反射镜使光进入棱镜,并使望远镜内视场明亮。

2. 校正

转动棱镜(粗调),直到从目镜中观察到有界线或出现彩色光带。若出现彩色光带,可转动色散调节器至界线明暗清晰。再转动微调,使界线正好与目镜中"十"字重合,记下读数。重复两次,将测得的水的平均折射率与纯水标准值($n_D^{20}=1.33299$)比较,求得仪器的校正值。

3. 测定

将被测液体用干净滴管加在折射棱镜表面,并将进光棱镜盖上,用手轮锁紧,要求液层均匀,充满视场,无气泡。打开遮光板,合上反射镜,调节目镜视度,使十字线成像清晰,此时旋转刻度调节手轮并在目镜视场中找到明暗分界线的位置,再旋转色散调节手轮,使分界线不带任何色彩,微调刻度调节手轮,使分界线位于十字线的中心,再适当转动聚光镜,此时目镜视场下方显示的示值即为被测液体的折射率。重复记录 3 次,所得平均值即为样品的折光率。

4. 维护与保养

为了确保仪器的精度,防止损坏,应注意维护与保养,并做到以下几点:

(1) 仪器应置于干燥和空气流通的室内,以免光学零件受潮后生霉。

(2) 当测试腐蚀性液体时应及时做好清洗工作,防止侵蚀损坏。仪器使用完毕后必须做好清洁工作,放入箱内,箱内应存有干燥剂(变色硅胶)以吸收潮气。

(3) 经常保持仪器清洁,严禁用油手或汗手触及光学零件。若光学零件表面有灰尘,可用高级鹿皮或长纤维的脱脂棉轻擦后用电吹风吹。如果光学零件表面沾上了油垢,应及时用酒精—乙醚混合液擦干净。

(4) 仪器应避免强烈振动或撞击,以防止光学零件损伤及影响精度。

第8章 有机化合物结构表征技术

Chapter 8 Structures characterization techniques of organic compounds

8.1 红外光谱

8.1.1 基本原理

红外光谱(infrared spectrum,IR)的测定原理是基于分子吸附红外辐射引起原子的振动。由于有机分子不是刚性结构,分子中的共价键就像弹簧一样,在一定频率的红外光(波长 $2.5 \sim 25 \mu m$,相应波数 $4000 \sim 400 cm^{-1}$)辐射下会发生各种形式的振动,如伸缩振动(以 ν 表示)、弯曲振动(以 δ 表示)等。由于引起不同类型化学键的振动需要不同的能量,因而每一种官能团都会有一个具有特征的吸收频率区。同一类型化学键的振动频率是非常接近的,总是出现在某一范围内,所以通过分析射线吸收频率谱图(即红外光谱图)就可以鉴别有机化合物的各种官能团是否存在。红外光谱图(图 8-1)分为官能团区和指纹区两个区。官能团区为特征吸收区,频率在 $4000 \sim 1350 cm^{-1}$,分析价值很大。指纹区频率在 $1350 \sim 400 cm^{-1}$,吸收谱带较多,相互重叠,不易归属于某一基团,但由于每一种化合物都有自己的特征指纹区图形,它对结构相似的化合物的鉴定极为有用。化学键和基团的红外吸收特征频率列于表 8-1 中。

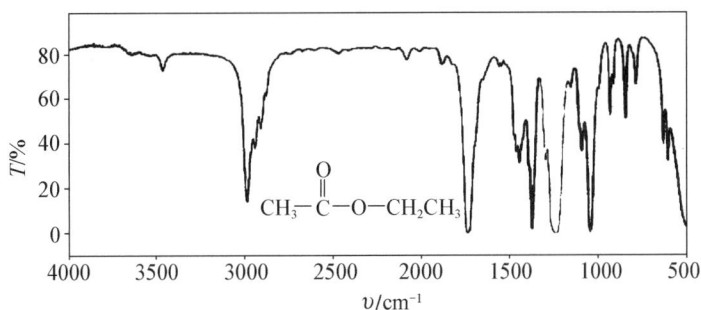

图 8-1 乙酸乙酯的红外光谱图

表 8-1 常见化学键和基团的红外吸收特征频率

化学键	频率/cm⁻¹	官能团	化学键	频率/cm⁻¹	官能团
O—H(游离),ν	$3640 \sim 3610$(s,sh)	醇、酚	N—H,δ	$1650 \sim 1580$(m)	一级胺
O—H(氢键),ν	$3500 \sim 3200$(s,b)	醇、酚	C—C(环内),ν	$1600 \sim 1585$(m)	芳香烃
N—H,ν	$3400 \sim 3250$(m)	一级胺、二级胺、酰胺		$1500 \sim 1400$(m)	芳香烃

续表

化学键	频率/cm⁻¹	官能团	化学键	频率/cm⁻¹	官能团
O—H, ν	3300～2500(m)	羧酸	N—O, 不对称, ν	1550～1475(s)	硝基
C≡C—H, ν	3330～3270(n,s)	炔烃(末端)	N—O, 对称, ν	1360～1290(m)	硝基
C—H, ν	3100～3000(s)	芳香烃	C—H, δ	1470～1450(m)	烷烃
C=C—H, ν	3100～3000(m)	烯烃	C—H, 面内摇摆	1370～1350(m)	烷烃
C—H, ν	3000～2850(m)	烷烃	C—N, ν	1335～1250(s)	芳香胺
H—C=O, ν	2830～2695(m)	醛	C—O, ν	1320～1000(s)	醇、羧酸、酯、醚
C≡N, ν	2260～2210(w)	腈	C—H 面外摇摆	1300～1150(m)	脂肪烃
—C≡C—, ν	2260～2100(w)	炔	C—N, ν	1250～1020(m)	脂肪胺
C=O, ν	1760～1665(s)	醛	C=C—H, δ	1000～650(s)	烯烃
	1760～1690(s)	羧酸	O—H, δ	950～910(m)	羧酸
	1750～1735(s)	酯、饱和脂肪烷基	N—H, 面外摇摆	910～665(s,b)	一级胺、二级胺
	1740～1720(s)	醛、饱和脂肪烷基	C—H, 面外, δ	900～675(s)	芳香烃
	1730～1715(s)	α, β-不饱和脂肪基团	C—Cl, ν	850～550(m)	脂肪烃
	1715(s)	酮、饱和脂肪烷基	C—H, 面内摇摆	725～720(m)	烷烃
	1710～1665(s)	α, β-不饱醛、酮	C≡C—H, δ	760～610(s,b)	炔烃
—C=C—, ν	1680～1640(m)	烯烃	C—Br, ν	690～515(m)	脂肪烃

注: ν=伸缩振动, δ=弯曲振动, m=中强峰, s=强峰, w=弱峰, b=宽峰, n=窄峰, sh=尖峰。

8.1.2 红外光谱仪及测定方法

实验室常用的是傅立叶变换红外光谱仪(图 8-2)。它既可测气体、液体样品,也可测定固体样品。

图 8-2 傅立叶变换红外光谱仪

红外光谱图的测定方法如下：

(1) 气体样品可直接充入抽空的样品池内进行测定。

(2) 液体样品直接滴到一块盐片上，再用另一块盐片盖上，并轻轻旋转滑动，使样液涂布均匀，然后夹紧，形成薄膜后进行测定。

(3) 固体样品常采用溴化钾压片法，即将 2～3mg 固体样品与 100～200mg 干燥的溴化钾粉末在红外灯烘烤下，混合研磨成极细粉末，并将其装入金属模具中，在压片机上压成几乎透明的盐片后再测定。

注意：不论是什么样品，采用何种方法测定，都要保证样品干燥，无水干扰。

8.1.3　谱图解析

红外光谱图解析的一般步骤如下：

(1) 先从特征区入手，找出化合物所含主要官能团。

(2) 分析指纹区，进一步找出官能团存在的依据。因为一个基团常有多种振动形式，所以确定该基团就不能只依靠一个特征吸收带，必须找出所有的吸收带才行。

(3) 对指纹区谱带位置、频率和形状进行仔细分析，确定化合物的可能结构。

(4) 对照标准图谱，配合其他鉴定手段，进一步验证。

8.2　核磁共振谱

8.2.1　基本原理

核磁共振谱(nuclear magnetic resonance spectrum, NMR)是测定有机化合物结构最有效的方法之一，应用很广。该技术是基于当有机物被置于磁场中时所表现出的特定原子核产生的自旋性质。在有机化合物中存在的能产生核自旋的元素有 ^1H、^2H、^{13}C、^{19}F、^{15}N、^{31}P 等，但 ^{12}C、^{16}O 和 ^{32}S 没有核自旋，不能用于 NMR 研究。在有机化合物结构表征中，以氢谱(^1H)和碳谱(^{13}C)的应用更为广泛。^1H 的天然丰度比较大，核磁信号比较强，比较容易测定。本实验教材仅对氢谱做一简单介绍。

质子可以自旋而产生磁矩。在外磁场中，质子自旋而产生的磁矩有与外磁场一致和与外磁场相反两种取向。磁矩方向与外磁场相同的质子能量较低；相反的能量较高。若用电磁波照射磁场中的质子，当电磁波的能量与两个能级的能量差相等时，处于低能级的质子就可以吸收能量，跃迁到高能级，这样就产生了核磁共振。有机化合物分子中的质子，其周围都是有电子的，在外加磁场的作用下，电子的运动能产生感应磁场。因此质子所感受到的磁场强度，并非就是外加磁场的强度。一般说来，质子周围的电子使质子实际感受到的磁场强度要比外加磁场强度弱些，也就是说，电子对外加磁场有屏蔽作用。屏蔽作用的大小与质子周围电子云密度有关，电子云密度愈高，屏蔽作用愈大，该质子的跃迁信号就要在愈高的外磁场强度下才能获得。由于有机分子中与不同基团相连接的氢原子的周围电子云密度不一样，因此质子跃迁的信号就分别在不同的位置出现，质子信号上的这种差异叫作化学位移(δ)。影响化学位移的主要因素有相邻基团的电负性、各向异性效应、范德华效应、溶剂效应及氢键。表 8-2 为常见不同类型质子的化学位移。

表 8-2　常见不同类型质子的化学位移

氢原子类型	δ/ppm	化合物类型	氢原子类型	δ/ppm	化合物类型
TMS(CH_3)$_4$Si	0	参照物	R—O—CH_3	3.3~4.0	醚
环丙烷	0~1.0	仲氢	R—CHO	9.0~10.0	醛
RCH$_3$	0.9	伯烷烃	RCO—CH_3	2.0~2.7	酮
R$_2$CH$_2$	1.3	仲烷烃	ROOC—H	5.3	甲酸酯
R$_3$CH	1.5	叔烷烃	RCOO—H	10.5~12.0	羧酸
C=C—H	4.6~5.9	烯烃	RCOO—CH_3	3.7~4.1	酯
	5.5~7.5	共轭烯烃	RCO—NH_2	5.0~8.0	酰胺
C=C—CH_3	1.7	烯丙烃	R—NH_2	1.0~5.0	脂肪胺
C≡C—H	2.0~3.0	炔烃	Ar—NH_2	3.0~4.5	芳香胺
C≡C—CH_3	1.8	炔丙烃	O_2N—C—H	4.2~4.6	硝基化合物
Ar—H	6.0~8.5	芳香烃	RCH$_2$F	4.0~4.4	氟代烃
Ar—C—H	2.2~3.0	苄烃	RCH$_2$Cl	3.0~4.0	氯代烃
R—O—H	4.5~9.0	醇	RCH$_2$Br	2.5~4.0	溴代烃
Ar—O—H	4.0~12.0	酚	RCH$_2$I	2.0~4.0	碘代烃

8.2.2　核磁共振仪及测定方法

核磁共振仪有多种型号,如按磁场强度不同,可分为 100MHz、200MHz、400MHz、500MHz(图 8-3)、600MHz、800MHz 等型号。一般磁场强度越高,仪器分辨率越好。核磁共振仪主要由磁铁、射频振荡器和线圈、扫描发生器和线圈、射频接收器和线圈、示波器和记录仪等部件组成。

核磁共振谱图的测定方法如下:

将样品装在内径 5mm、长约 20cm、配有塑料塞子的核磁样品管中。一般是液体样品,固

图 8-3　500MHz 核磁共振仪

体样品要选用适当的溶剂将其溶解,配成 20% 左右的溶液约 1mL。溶剂不能含有氢质子。常用的溶剂有 CCl_4、$CDCl_3$、D_2O 等,如果这些溶剂不适用,还可以选择一些特殊的氘代溶剂,如 CD_3OD、CD_3COCD_3、C_6D_6、DMSO-d$_6$、DMF-d$_7$ 等。如果所用的溶剂中不含参照物四甲基硅烷(TMS),则要向溶液中加 1~2 滴 TMS 作内标。样品配制完毕后,即可在教师的指导下进行测试。

8.2.3 谱图解析

图 8-4 所示为乙苯的核磁共振氢谱。

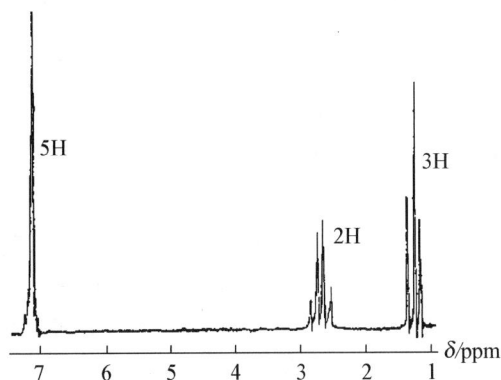

图 8-4　乙苯(10%CCl₄)核磁共振氢谱

核磁共振谱图解析的一般步骤如下：

(1) 首先根据谱图中所出现的信号数目确定分子中含有几种类型的质子。

(2) 根据谱图中各类质子的化学位移值判断质子的类型。

(3) 根据测量的各峰面积之比确定各类质子的相对数目。

(4) 观察和分析各组峰的裂分和耦合常数值，了解邻位碳原子上的氢的数目，从而可推知化合物结构。

(5) 若是已知化合物，可以与标准的核磁共振图谱对照，以确定化合物结构是否正确、有无杂质等。

8.2.4 注意事项

(1) 如果样品呈液态，可以直接测试。如果样品是固体，或是黏度较大的液体，则需配成溶液进行测试。

(2) 用氘代溶剂，如 $CDCl_3$ 或 D_2O 时，活性质子会与氘交换，因而这些质子的信号会消失。

(3) 用 D_2O 作溶剂时，由于 TMS 不溶于其中，可采用 4,4-二甲基-4-硅代戊磺酸钠(TSPA)作为基准物。

第9章　无水无氧实验操作技术

Chapter 9　Operation techniques of anhydrous and oxygen – free

随着科学技术的不断发展,为了探索新的研究领域,化学家们更多地着眼于研究对空气和水敏感的化合物。为了研究这类化合物的合成、分离、纯化和分析鉴定,必须使用特殊的仪器和无水无氧操作技术。否则,即使合成路线和反应条件都是合适的,最终也得不到预期的产物。

无水无氧实验操作技术已在有机化学和无机化学中有较广泛的应用。目前采用的无水无氧操作主要分三种:高真空线(vacuum-line)操作、Schlenk 操作、手套箱(glove-box)操作。由于高真空线操作对真空和仪器的要求极高,所以在普通有机化学实验中极少采用。因此,本章仅对 Schlenk 操作和手套箱操作做一些简单的介绍。

9.1　Schlenk 操作

9.1.1　Schlenk 操作的基本原理

Schlenk 操作是指真空的惰性气体切换的技术,主要用于对空气和水敏感的反应。它是把有机的常规实验在真空和惰性气体的切换下实现保护的反应手段。Schlenk 操作通常是通过使用双排管系统完成的。一般在双排管上装有 4~8 个双斜三通活塞,活塞的一端与反应体系相连,双排管的一路与经纯化的惰性气体(氮气和氩气)相通,另一路则与真空体系相通,如图 9-1 所示。操作者只要通过三通活塞对反应体系进行反复抽真空和充惰性气体,即可建立干燥的惰性气体环境体系,达到无水无氧操作的要求。

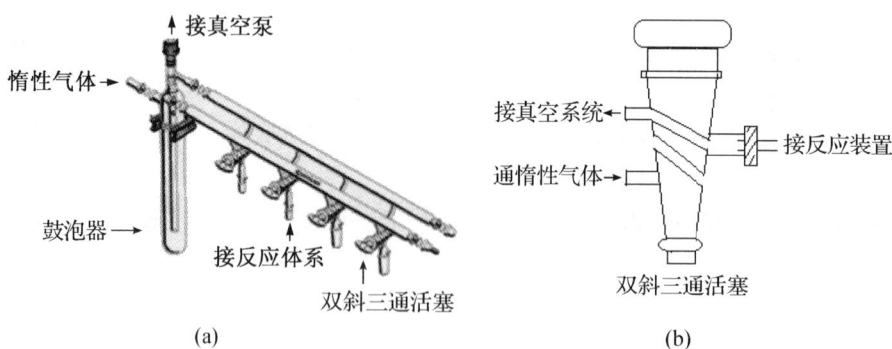

图 9-1　双排管系统

9.1.2　Schlenk 操作步骤

1. 准备

实验所需的仪器、药品、溶剂必须根据实验的要求事先进行无水无氧处理。

2. 去除水和氧

组装反应装置并与双排管系统连接,然后用小火加热(酒精灯)烘烤器壁,抽真空,用惰性气体(氮气或氩气)置换,至少重复三次,把吸附在器壁上的微量水和氧移走。

3. 加料

固体药品一般在抽真空前加入,若需抽真空后加入,则一定要在惰性气体保护下进行。液体试剂一般在抽真空、充入惰性气体后用注射器加入。

4. 反应

反应过程中注意观察鼓泡器中适宜起泡速度,保证反应装置内有一定的正压,直至反应结束,避免因起泡速度过快,造成惰性气体不必要的浪费。反应过程若要搅拌,一般采用磁力搅拌方法。

5. 结束

反应完成后,关闭惰性气体钢瓶的阀门,清洗双排管,维护好实验仪器。

9.1.3 常见无水无氧装置

常见无水无氧装置如图 9-2 所示。

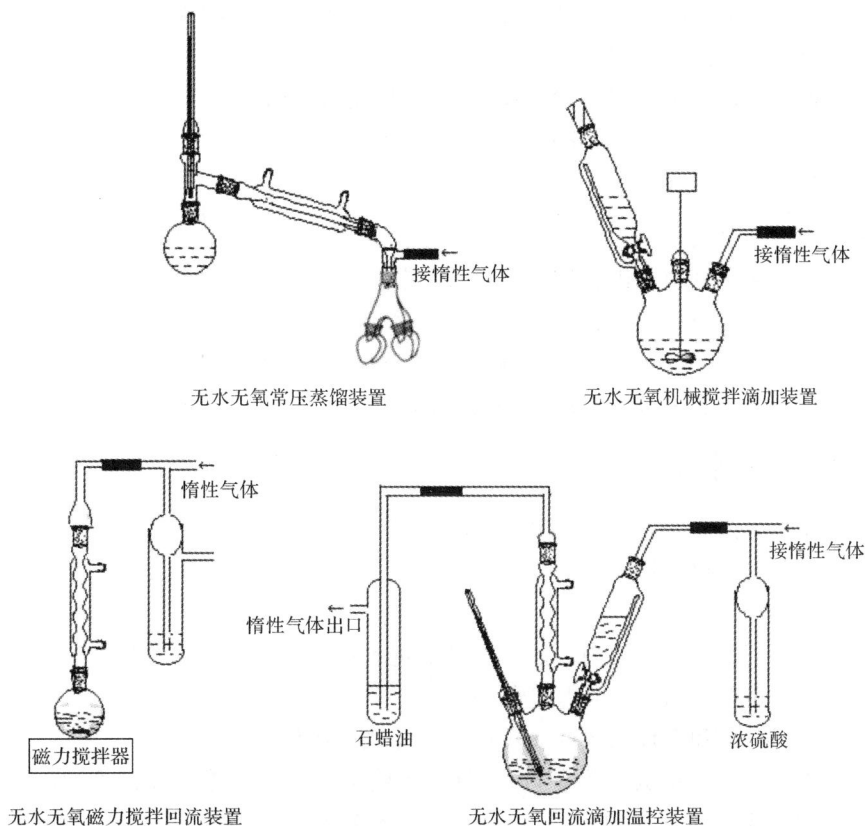

无水无氧常压蒸馏装置　　　　无水无氧机械搅拌滴加装置

无水无氧磁力搅拌回流装置　　　无水无氧回流滴加温控装置

图 9-2　常见无水无氧装置

9.2　手套箱操作

惰性气体手套箱(图 9-3)是一种用来操作对水和空气敏感物质的设备,其由箱体、过渡舱、压差计、踏控板和干燥线五部分构成。其中大的箱体,至少有一扇窗口,窗口有两个或多个区域,每个区域都安装了手套,使用者的手伸进手套,戴着它在操作箱中进行操作,这样就不会破坏密闭空间。

图 9-3　手套箱

9.2.1　手套箱操作方法

1. 物品移入手套箱

(1) 关闭过渡舱与真空泵的阀门。

(2) 缓缓打开过渡舱的氮气阀通气至达到 0.1MPa,然后关氮气阀。

(3) 确认交接室内侧门是关闭的。

(4) 打开外侧门,将要移入的物品拿入并关闭外侧门。

(5) 确认氮气阀已关,然后缓缓打开过渡舱的真空阀。

(6) 用泵抽 10min,关上过渡舱的真空阀,回冲氮气,然后再次抽空过渡舱。

(7) 5min 后重复上一步骤。

(8) 再抽 5min 后,关上过渡舱的真空阀,然后用氮气回冲至 0.1MPa,关上氮气阀。

(9) 打开内侧门,将物品移进手套箱。

2. 物品移出手套箱

(1) 过渡舱充氮气。

(2) 将物品从手套箱拿出到过渡舱,关内侧门。

(3) 确认内侧门、过渡舱两个阀均已关闭。

(4) 打开外侧门,取出物品,关外侧门。

(5) 确认氮气阀已关,缓缓打开过渡舱真空阀。

9.2.2　注意事项

(1) 不能将溶剂抽入真空泵,否则要换泵油后才能使用。

(2) 防止塑料窗口和橡胶手套被有机溶剂腐蚀,也要避免其被戒指、尖指甲、刀片、针头等尖物品刺破。

(3) 不要将手套抽进箱体内。因为手套抽进去后,真空膨胀会炸裂。

(4) 不可将过渡舱内、外两侧门同时打开。

(5) 硫醇、胺、膦和卤代物等物质不能在干燥线中操作。

手套箱是价格昂贵的公用设备,最好只在实验中对空气敏感程度最高的阶段使用手套箱。由于只有个别试剂或中间体对空气敏感,大多数最终产物是稳定的,因此在手套箱中进行全过程的合成操作是不必要的。

第 10 章　有机化学基本操作实验

Chapter 10　Basic laboratory operations of organic chemistry

实验 1　重结晶
Recrystallization

一、实验目的
1. 学习重结晶法提纯固态有机化合物的原理和方法。
2. 掌握脱色、热过滤、结晶、抽滤等操作和滤纸折叠方法。

二、实验原理
重结晶是将固体溶解在热的溶剂中,使之达到饱和,然后冷却,溶液变成过饱和而析出晶体的过程。由于被提纯物和杂质在同一溶剂中的溶解度不同,可通过热过滤方法将溶解性较差的杂质滤去,或让溶解性较好的杂质在冷却结晶过程中保留在母液中,用抽滤方法去除,从而达到分离提纯的目的。

三、主要试剂
乙酰苯胺粗产品;活性炭;粗萘;70%乙醇。

四、实验装置
水溶液重结晶实验装置如图 10-1 至图 10-3 所示。

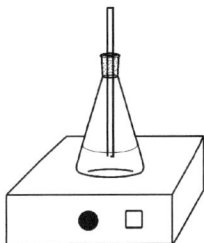

图 10-1　水溶液溶解装置　　图 10-2　简易热过滤装置　　图 10-3　减压过滤装置

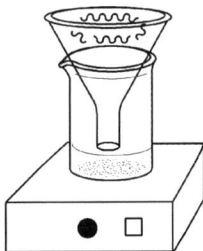

有机溶液重结晶实验装置如图 10-4 和图 10-5 所示。

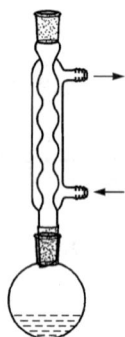

图 10-4　有机溶液溶解装置　　图 10-5　有机溶液热过滤装置

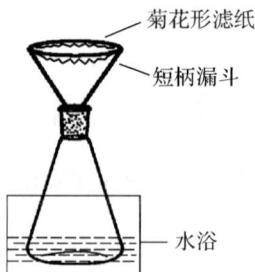

五、实验步骤

（一）乙酰苯胺重结晶（水为溶剂）

1. 固体溶解

称取 3g 乙酰苯胺粗产品于 250mL 锥形瓶中,加入适量的纯水和几粒沸石,加热至沸腾,搅拌直至乙酰苯胺溶解。若不溶解,可再添加少量水,搅拌并加热至接近沸腾,每次加入水后加热,使溶液沸腾,直到乙酰苯胺完全溶解[1]。计量总共加入的水量,然后再加入总水量的 20%,继续加热 1～2min。

2. 脱色

稍冷后,加入适量活性炭于溶液中[2],继续煮沸 5～10min。事先折叠好菊花形滤纸,同时按图 10-2 所示装置,在烧杯中先加 10mL 水预热简易热过滤装置。

3. 趁热过滤

趁热将锥形瓶中溶液进行热过滤,过滤完毕,用少量的热水冲洗一下滤纸[3]。

4. 冷却晶体

将滤液取下静置,先自然冷却至室温,再用冰水冷却。如冷却后无晶体析出,可投晶种或用玻璃棒摩擦容器内壁引发晶体形成[4]。

5. 晶体收集

先用少量水湿润滤纸,打开水泵,使滤纸在布氏漏斗上吸紧。用玻璃棒引导,先倒清液,后倒固体。关闭水泵,用滤液分次冲洗烧杯中的残留固体。开泵抽气,并用玻璃瓶塞挤压晶体,尽量除去母液。关闭水泵,得滤饼。

6. 晶体洗涤

用少量冷水均匀地洒在滤饼上,并用玻璃棒或刮刀轻轻翻动晶体,使全部晶体刚好浸润(注意不要使滤纸松动),再抽干,重复操作 2 次。

7. 晶体干燥、称量

将晶体放在表面皿上自然晾干,或在 100℃以下烘箱中烘干,称重,计算产率。

（二）萘重结晶（乙醇为溶剂）

1. 加料及组装装置

在 100mL 的圆底烧瓶中,加入 3g 粗萘、25mL 70％的乙醇、几粒沸石,按图 10-4 所示组装好简单回流装置。

2. 加热溶解

先通冷凝水,再缓缓加热至沸腾,此时瓶内粗萘基本溶解。停止加热,稍冷,从冷凝管顶端补加约 7mL 的 70％乙醇,继续加热煮沸,至粗萘完全溶解。

3. 脱色

停止加热,待液体稍冷后,拆开冷凝管,加入少许活性炭,装好冷凝管,再加热煮沸 5min。期间预热好如图 10-5 所示的热过滤装置。

4. 热过滤

趁热拆开冷凝管,将烧瓶中的热溶液小心滤入在热水浴保温的干燥锥形瓶中,并在短颈漏斗上盖上表面皿。滤完后,用少量的热 70％乙醇洗涤圆底烧瓶和滤纸。

5. 冷却结晶

方法同（一）。

6. 晶体收集、洗涤、干燥

先用少量的 70％乙醇润湿滤纸,然后减压过滤,滤饼用少量的 70％乙醇洗涤,抽干。将滤饼转移至表面皿上,在空气中晾干或红外灯下干燥,称重,计算产率。

【注意事项】

［1］溶剂实际加入量应比按沸腾温度下溶解度计算量多 20％,以避免加热过程中溶剂挥发导致热过滤时晶体提前析出而造成产品损失。如果溶剂过多,则冷却时析不出晶体或析出少量晶体。乙酰苯胺在水中的溶解度见表 10-1。

表 10-1 乙酰苯胺在水中的溶解度

温度/℃	20	25	50	80	100
溶解度/[g・(100mL)$^{-1}$]	0.46	0.56	0.84	3.45	5.55

［2］不能向正在沸腾的溶液中加入活性炭,以免溶液暴沸而溅出。活性炭用量具体视杂质多少和颜色深浅而定,因为活性炭也会吸附部分产物,一般用量为固体粗产品的 1％～5％。如果一次脱色不好,可再加活性炭处理一次。

［3］如果滤液中有活性炭,应将滤液重新加热过滤。若滤纸上析出较多晶体,可用少量热水将滤纸上的固体冲下,重新加热溶解后再过滤。

［4］不要急冷和搅拌,以免晶体颗粒过细,吸附更多杂质。如果不析出晶体而析出油状物,可重新加热溶液至澄清后,让其自然冷却至开始有油状物出现时,立即用玻璃棒剧烈搅拌至油状物消失。如果不析出晶体,则是溶剂过多,可先缓慢蒸发掉部分溶剂,再冷却结晶。

【思考题】

1. 试述重结晶的基本原理和一般过程。

2. 活性炭为什么要在固体物质完全溶解后才加入？为什么不能在溶液沸腾时加入？

3. 用水重结晶乙酰苯胺时，遇到下列情况，应该如何处理？

(1) 加入活性炭煮沸 5～10min 后，发现溶液中还有颜色。

(2) 热过滤所得的滤液中含有黑色的活性炭。

(3) 热过滤的折叠式滤纸中留有大量的晶体。

(4) 滤液冷却后，没有晶体析出。

(5) 滤液冷却后，上面有一层油状物质。

4. 重结晶时，为什么溶剂不能太多，也不能太少？如何正确控制溶剂的量？如果不小心多加了溶剂，该如何补救？

5. 当重结晶物为未知物时，如何选择重结晶的溶剂？

实验 2　熔点的测定

Determination of melting point

一、实验目的

1. 学习熔点测定的原理和意义。

2. 掌握毛细管法测定熔点的操作方法。

二、实验原理

所谓熔点是指固体化合物在大气压下固相与液相平衡共存时的温度。每一种纯净的化合物都具有固定的熔点。纯化合物从开始熔化（始熔）到完全熔化（终熔）的温度范围称作熔程。熔程一般小于 $0.5～1℃$。当含有杂质时，化合物的始熔点下降，熔程变宽。

熔点测定通常应用于以下两个方面：

1. 检验有机化合物的纯度。

2. 鉴定有机化合物。

三、主要试剂

萘；苯甲酸；乙酰苯胺重结晶提纯物；未知样品；液状石蜡。

四、实验装置

熔点测定实验装置如图 10-6 至图 10-8 所示。

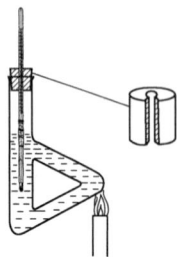

图 10-6　毛细管法测定熔点装置　图 10-7　毛细管附在温度计上位置　图 10-8　显微熔点测定仪

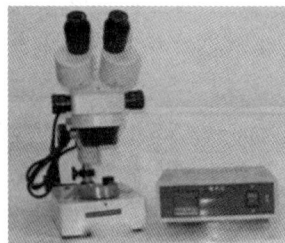

五、实验步骤

（一）毛细管测定法

1. 毛细管准备

选择内径约 1mm、长 6～9cm、一端封闭的毛细管作为熔点测定管。若为两端开口的毛细管，可在酒精灯火焰上将一端封口。

2. 毛细管填装样品

将少许干燥的样品放在干净的表面皿上，用玻璃棒将其研细并聚成小堆，把毛细管开口一端插入样品堆中，反复几次，使样品进入毛细管内约 5mm 高，然后将毛细管竖起，在桌面上垂直轻敲几下，使样品落到管底，最后将毛细管在一根长 40～50cm、直立于硬桌面的玻璃管中自由落下，重复几次，使样品紧密堆积于毛细管底部[1]，高度 2～3mm。

3. 固定样品毛细管

用橡皮圈将样品毛细管固定在温度计上（橡皮圈尽可能靠近毛细管开口一端），调节位置使毛细管中的样品处于温度计水银球的中部，如图 10-7 所示。

4. 安装测定装置

将熔点测定管（Thiele 管）固定在铁架台上，倒入液状石蜡至液面高出上侧管约 1cm，带样品管的温度计固定在一缺口的单孔软木塞中，并使刻度朝向软木塞缺口。然后将温度计插入熔点测定管中，调节高度使温度计水银球位于熔点测定管上下侧管的中部[2]，橡皮圈应高出液状石蜡面至少 2cm[3]，如图 10-6 所示。

5. 加热测定

（1）已知熔点的样品测定

用酒精灯加热熔点测定管上下侧管的弯曲处，在温度达熔点以下 15℃时，控制加热火力[4]，以约 5℃/min 的速度升温。然后再调节火力，以 1℃/min 速度升温，注意观察熔点测定管中样品的变化。记录样品柱上端开始塌落变短、出现小液滴（始熔）和样品刚好完全熔化为透明液体（终熔）时的两个温度。

让热浴液冷却至熔点下 20～25℃时，换上一根新的样品毛细管[5]，按相同方法进行第二次测定。测定已知物熔点时，每个样品至少测两次，两次测定的误差≤±1℃，否则要进行第三次测定。

（2）未知熔点的样品测定

先用酒精灯以约 5℃/min 的升温速度加热，观察并记录样品熔化时的大概熔点（粗测熔点），然后参考粗测熔点，按如上所述的已知熔点的样品测定方法精测两次。

6. 结束整理

实验完毕，将温度计放在石棉网上，让其自然冷却至接近室温时，用废纸擦去石蜡后，用水冲洗，热浴液冷却后倒回试剂瓶中。

（二）显微熔点仪测定法

1. 样品放置

将少量干燥、研细的样品放在一片干净的载玻片上，并使样品分布薄而均匀，然后盖

上另一片载玻片,轻轻压实,放置在加热台的中心位置,盖上圆形隔热玻璃。

2. 对焦

调节显微镜粗微调对焦手轮,直到能清晰地看到样品的像为止。

3. 加热测定

打开电源,待仪器自检通过后,先将两个调温手钮顺时针调到较大位置,使加热台快速升温[6]。当温度距离待测样品熔点约 40℃时,逆时针改变调温手钮至适当位置,使升温速度减慢。当距离待测样品熔点约 10℃时,调整调温手钮,控制升温速度约为 1℃/min[7],即做到前段升温迅速,中段升温减慢,后段升温平稳。

4. 数据记录

观察样品熔化过程,当样品结晶棱角开始变圆时,此时的温度为始熔温度;结晶形状完全消失时的温度为终熔温度。记录这两个温度,完成一次测定。若需重复测定,将电压调零,用镊子取下隔热玻璃和载玻片[8],将散热器放在加热台上,待加热台温度降至待测熔点下 40℃时,可进行第二次测定。

5. 结束整理

实验完毕,切断电源,用镊子取下隔热玻璃、载玻片,冷却后,用乙醚和乙醇的混合液擦洗载玻片,收存好仪器。

【注意事项】

[1] 样品一定要研细,填装要均匀而结实,这样受热能均匀,如果样品间有空隙,则不易传热,会使测定结果偏高。

[2] 此处液体对流循环好,受热均匀,温度稳定。

[3] 以免受热时,橡皮圈与石蜡接触,使橡皮圈高温熔化老化。

[4] 用移动酒精灯的方法来控制加热火力。

[5] 已测定过的熔点管中的固体在加热时晶形发生改变或分解,所以冷却后,不能用来做第二次测定。

[6] 调温手钮 1 为升温电压宽量调钮,调温手钮 2 为升温电压窄量调钮。

[7] 后段升温速度的控制对测量的结果精度影响较大,所以此段升温速度一定要控制在约 1℃/min。

[8] 实验过程中,加热台属于高温部位,取放样品、载玻片、隔热玻璃和散热器时,一定要用镊子夹持,切不可用手触摸,以免烫伤。

【思考题】

1. 组装熔点测定装置时,应注意哪"四个高度"?

2. 毛细管法测定熔点的升温控制分哪几个阶段?

3. 如何判断两种熔点相同的化合物是否属同一物质?

4. 测熔点时,若有下列情况将产生什么结果?

(1) 熔点管壁太厚。(2) 熔点管底部没有完全封闭,尚有一小孔。(3) 熔点管不洁净。(4) 样品研得不细或装填不紧密。(5) 样品不干燥。(6) 加热太快。

实验3　蒸　馏

Distillation

一、实验目的

1. 学习蒸馏的原理和意义。
2. 掌握蒸馏和常量法测定沸点的操作方法。

二、实验原理

当液体加热时,蒸气压随着温度的升高而增大,当蒸气压达到当地的大气压或所给定的压力时,液体沸腾,这时的温度称为液体的沸点。蒸馏就是将液体加热到沸腾成为蒸气,又将蒸气冷凝为液体这两个过程的联合操作。纯液态有机物在蒸馏过程中沸点变化很小($0.5\sim1℃$),因此,利用蒸馏可用来测定纯液体的沸点,这种方法叫常量法,测定时要求液体用量在 10mL 以上。如果液体混合物沸点差别较大(一般大于 $30℃$),蒸馏时沸点较低的先蒸出,沸点较高的后蒸出,不挥发的留在蒸馏烧瓶内,这样就可以达到分离和提纯的目的。

蒸馏操作技术一般应用于以下四个方面:

1. 分离沸点相差较大(大于 $30℃$)的不形成共沸的液体混合物。
2. 除去液体中非挥发性或挥发性很高的杂质。
3. 测定液体的沸点。
4. 回收溶剂,浓缩溶液。

三、主要试剂

甲苯或乙醇;沸石。

四、实验装置

蒸馏实验装置如图 10-9、图 10-10 所示。

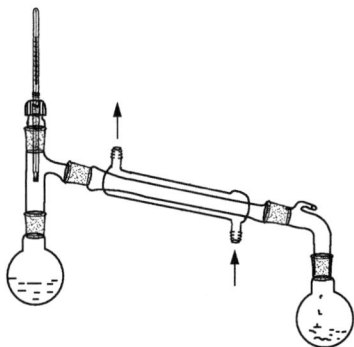

图 10-9　简单蒸馏装置

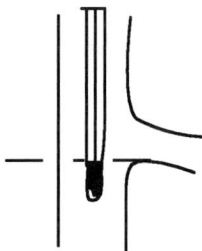

图 10-10　蒸馏装置中温度计位置

五、实验步骤

1. 组装蒸馏装置

按照从低到高、先左后右的原则组装实验装置(图 10-9)[1]。温度计水银球的上缘与蒸馏头支管的下缘在同一水平线上,见图 10-10。

2. 加料

取下温度计和套管,把 30mL 甲苯或乙醇经长颈漏斗加入蒸馏烧瓶中(或沿着侧管对面的器壁小心地加入),加数粒沸石,再装回温度计和套管。

3. 加热蒸馏

低口接水龙头进水,高口引入水槽出水,开通冷凝水,水流缓慢(细水长流)。先用电热套缓慢加热[2],可见瓶内液体逐渐沸腾,蒸气上升,温度计读数略有上升。当蒸气的顶端到达水银球部分时,温度计读数快速上升。接着调节火力,使蒸馏速度维持在 1～2 滴/s[3]。当温度恒定后,收集馏分并记录第一滴馏出液滴入接收瓶时的温度。

4. 收集馏分

在到达沸点之前收集的馏分称为前馏分或馏头,是低沸点的杂质。当达到液体沸点,温度计读数趋于恒定时,换另一个干净的接收瓶收集预期范围内的主馏分,并记录该馏分的沸程。

5. 停止蒸馏

当蒸馏烧瓶内残留 0.5～1mL 液体,或者不再有馏出液蒸出而温度又突然下降时,停止加热,移去热源[4]。

6. 仪器整理

先停冷凝水,然后按与装配装置相反的顺序逐一取下各个仪器,将仪器洗干净后放回原处。

【注意事项】

[1] 整套装置要装配严密、正确、稳固、端正,从侧面或正面看,各件仪器的中心线都应在同一平面上。

[2] 低沸点易燃液体,应用水浴加热,绝对不能用明火加热。

[3] 蒸馏速度太快或太慢,容易使温度计读数发生不规则的变动,导致温度计读数不正确;在蒸馏过程中,温度计水银球上应始终有被冷凝的液滴润湿。

[4] 若将蒸馏烧瓶内液体蒸干,会使烧瓶炸裂,发生意外事故。

【思考题】

1. 蒸馏操作时,如何选择冷凝管?

2. 蒸馏时,为什么要加沸石?如果加热后发现忘了加沸石,下一步该如何处理?

3. 蒸馏时,温度计水银球应处于什么位置?为什么?

4. 当加热到已有馏出液滴入到接收瓶中时,才发现未通冷凝水,能否马上通水?为什么?下一步该如何处理?

5. 为什么蒸馏结束时,温度计读数会突然下降?

6. 测得某种液体有固定的沸点,能否认为该液体是纯物质?为什么?

实验 4　分　馏

Fractionation

一、实验目的

1. 学习分馏的原理和意义。
2. 掌握分馏的操作方法。

二、实验原理

分馏是在分馏柱中对液体混合物进行多次蒸馏的过程。分馏柱内有多层刺形的小平台,当混合物的蒸气进入分馏柱第一平台时,由于柱外空气的冷却,蒸气中高沸点组分冷凝为液体回流,低沸点成分上升至第二平台,在第二平台上,被冷凝回流的低沸点成分遇到从第一平台上升的气体,两者发生热交换(即对第二平台冷凝液体进行再加热),使第二平台及上来的第一平台沸点较低的成分汽化上升至第三平台。如此在分馏柱的不同平台上反复进行冷凝→回流→汽化,即多次蒸馏。分馏柱顶部低沸点成分比例最高,被蒸馏出来,高沸点成分回流至烧瓶,最终可将几种沸点相近的组分分离开来。

三、主要试剂

丙酮:水=1:1(体积比)。

四、实验装置

分馏实验装置如图 10-11 所示。

五、实验步骤

1. 组装分馏装置

在 50mL 圆底烧瓶中加入 20mL 丙酮—水混合液、数粒沸石,按图 10-11 所示安装好分馏装置。

图 10-11　简单分馏装置

2. 加热分馏

先通冷凝水,后缓慢加热,液体开始沸腾,由于蒸气不会马上到达分馏柱顶部,所以温度计读数变化较小。加热一段时间后,当蒸气到达水银球时,温度计读数快速上升。记录第一滴馏出液滴入接收瓶时的温度,控制加热火力[1],使馏出液以 1 滴/(2~3s)的速度蒸出[2]。

3. 收集馏分

馏分收集于接收瓶中,随着分馏进行,温度会上升,记录每增加 1mL 馏出液时的温度及总体积。分别收集 56~62℃、62~98℃、98~100℃ 三种馏分,并记录体积。

4. 停止分馏

当蒸馏烧瓶中残留 1~2mL 液体时,停止加热,待分馏柱内液体流回到烧瓶时测量并记录残留液的体积。

5. 数据处理

以柱顶温度为纵坐标,馏出液的体积为横坐标,作出分馏曲线,计算丙酮的分离效率。

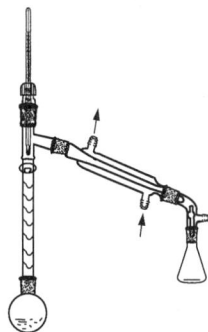

【注意事项】

［1］分馏柱内有适量的液体流回烧瓶，不能太多也不能太少。

［2］如果馏出速度太快，会产生液泛现象，即蒸发速率增大到某一程度时，回流液来不及流回烧瓶，上升的蒸气将下降的液体顶上去，并逐渐在分馏柱中形成液柱，破坏气—液平衡，导致分馏效率降低。如果出现液泛现象，应停止加热，待液柱消失后再加热，控制加热温度，使气—液达到平衡，然后收集馏分。

【思考题】

1. 分馏和蒸馏在装置和操作上有哪些异同点？

2. 分馏时，温度计应放在什么位置？放得过高和过低对分馏有何影响？

3. 分馏一段时间，加热情况不变，发现温度计读数下降，试分析发生此现象的原因。

4. 什么叫共沸混合物？能否用蒸馏和分馏方法来分离共沸混合物？

实验5　减压蒸馏
Vacuum distillation

一、实验目的

1. 学习减压蒸馏的原理和意义。

2. 掌握减压蒸馏仪器的安装和减压蒸馏的操作方法。

二、实验原理

液体的沸点随着外界大气压的增大而升高、减小而降低。当减小蒸馏系统内部压力时，可降低液体的沸点，使其在低于正常沸点的温度下蒸出。这种在较低压力下进行的蒸馏操作称为减压蒸馏。它是分离和提纯高沸点或性质不稳定的液体及低熔点固体有机物的常用方法，特别适用于那些在常压下未到达沸点而发生分解、氧化或聚合的有机物的蒸馏。

化合物在一定压力下的沸点，可从文献中查阅，也可用下述经验规律大致估算：

1. 当压力从正常大气压（760mmHg）降至20mmHg 时，大多数有机化合物的沸点随之下降100～120℃。

2. 当在压力为10～25mmHg 之间进行蒸馏时，压力每下降1mmHg，沸点约下降1℃。

三、主要试剂

2-呋喃甲醛（糠醛）。

四、实验装置

减压蒸馏装置如图10-12 所示。

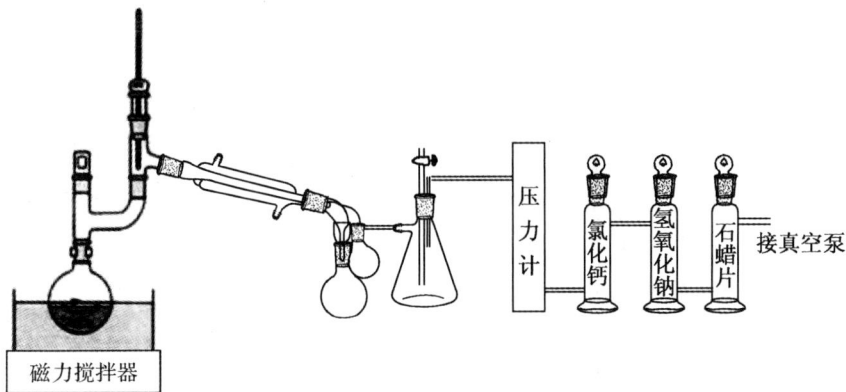

图 10-12 减压蒸馏装置

五、实验步骤

1. 组装减压蒸馏装置

按图 10-12 所示安装装置。磨口仪器的所有接口部分涂上少量真空油脂,以保证装置密闭。

2. 检查系统气密性和压力

先打开安全瓶上的活塞,开泵抽气,然后逐渐关闭安全瓶活塞,待压力稳定后,观察系统压力能否达到要求[5]。若系统真空度良好,再慢慢旋开安全瓶上的活塞,放入空气,直到内外压力相等时关泵。

3. 加料

取下真空塞,通过漏斗加入 15mL 糠醛,塞紧空心塞。通冷凝水,开启搅拌,打开安全瓶活塞,开动抽气泵,关闭安全瓶活塞,等真空状态稳定。

4. 加热蒸馏

待系统压力达到要求且稳定后,用热水浴进行加热[4],温度逐渐升高至 80℃,用一个圆底烧瓶收集沸点稳定前的所有液体,换接收瓶收集糠醛,记录压力和温度。蒸馏速度以 1～2 滴/s 为宜。

5. 蒸馏结束

当温度开始下降时,先停止加热,去掉热浴,再慢慢打开安全瓶上的活塞,使系统恢复常压,最后关闭冷凝水和抽气泵[5]。按安装的相反顺序拆除仪器,并用去污粉清洗所有用过的玻璃仪器。

【注意事项】

[1] 液体沸点与压力的经验关系如图 10-13 所示。

[2] 如果系统压力达不到要求,检查系统是否漏气。

[3] 待蒸馏液体的体积不超过烧瓶容积的 1/2。

[4] 热浴温度应比待蒸馏液体的沸点高出 20～30℃。

[5] 打开安全瓶活塞时一定要慢,不能太快,当系统内外压力平衡后,才可关闭抽气泵。

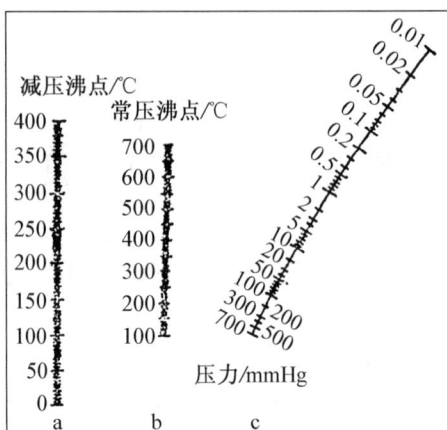

图 10-13　有机液体沸点与压力的经验关系

【思考题】

1. 简述减压蒸馏的原理。在什么情况下采用减压蒸馏?

2. 简述减压蒸馏开始和结束时的操作方法。

3. 减压蒸馏时,能否直接用火加热?

4. 在减压蒸馏装置中,为什么要有吸收装置?

实验 6　水蒸气蒸馏

Steam distillation

一、实验目的

1. 学习水蒸气蒸馏的原理及其应用。

2. 掌握水蒸气蒸馏装置安装及其操作方法。

二、实验原理

水蒸气蒸馏是将水蒸气通入不溶或难溶于水但有一定挥发性的有机化合物中,使该物质在低于 100℃ 的温度下随水蒸气一起蒸馏出来。它是分离和纯化与水不相混溶的挥发性有机物的常用方法。

工业上常用水蒸气蒸馏方法从植物组织中提取香精油。香精油作为天然香料应用广泛,在食品生产中也可用作添加剂。本实验采用水蒸气蒸馏法从橙皮中提取 D-柠檬烯。D-柠檬烯是萜烯化合物,存在于很多植物和花中,是香精油的重要成分。

三、主要试剂

橙皮;二氯甲烷;无水硫酸钠。

四、实验装置

水蒸气蒸馏装置如图 10-14 所示。

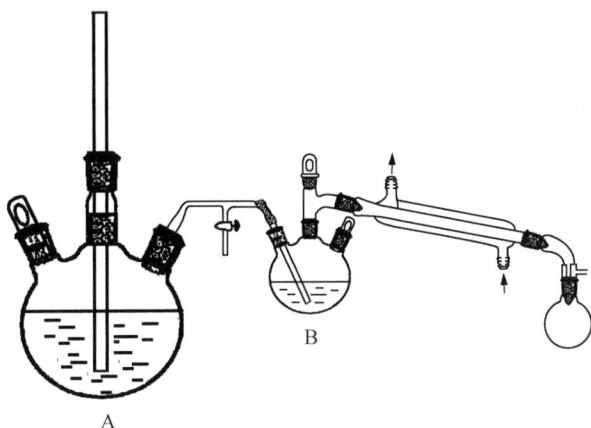

图 10-14　水蒸气蒸馏装置

五、实验步骤

1. 组装水蒸气蒸馏装置

按图 10-14 安装装置，A 为 500mL 三口烧瓶，加入 250mL 水和少许沸石，B 为 100mL 三口烧瓶，加入 10g 剪成细小碎片的橙皮和约 15mL 的水。

2. 加热蒸馏

打开 T 形管上的止水夹，用大火加热水蒸气发生装置 A 至水沸腾，当 T 形管有大量水蒸气冲出时，夹紧止水夹，通冷凝水，开始水蒸气蒸馏。

3. 收集馏分

水蒸气进入 B 后，蒸气冲动搅拌混合物，并有水蒸气带着 D-柠檬烯作为馏分流出[1]。

4. 停止蒸馏

当馏出液收集 60～70mL 时[2]，打开 T 形管止水夹，然后停止加热，移去热源，停止蒸馏。

5. 产品净化

将馏出液转入到分液漏斗中，用 10mL 二氯甲烷洗涤接收瓶后，倒入分液漏斗中萃取，重复 3 次。静置后，分出有机层于干燥的锥形瓶中，加入适量的无水硫酸钠加塞干燥 30min，其间不时摇动。

6. 产品精制

将干燥后的溶液小心滤入 50mL 干燥的圆底烧瓶中，加几粒沸石，电热套加热蒸去全部的二氯甲烷，残留的液体即为橙油。

7. 产品表征

测定橙油的折射率、比旋光度[3]，并用气相色谱法测定橙油中 D-柠檬烯的含量[4]。

（纯 D-柠檬烯沸点 176℃；$n_D^{20} = 1.4727$；$[\alpha] = +125.6°\ m^2 \cdot kg^{-1}$）

【注意事项】

[1] 如果 B 中液体累积较多，可用电热套对 B 进行加热，以加速水蒸气蒸馏。

[2] 接收瓶中可看到油层漂浮在水面上。

［3］比旋光度可将几个人的产品合并在一起测定。可用95％乙醇配成5％的溶液进行测定。

［4］气相色谱条件：上海精科 GC112A 型气相色谱仪，热导池检测器，ϕ3mm×3m 色谱柱。固定液：SE（30.5％）；柱温：101℃；汽化温度：185℃；载气：氢气；进样量：0.5～1μL。

【思考题】

1. 水蒸气蒸馏和普通蒸馏有哪些不同？

2. 被提纯物质应具备哪些条件才可以使用水蒸气蒸馏？

3. 在进行水蒸气蒸馏过程中，要经常检查什么？如果安全管中水位上升很高，说明什么问题？如何解决？

实验7　薄层色谱
Thin layer chromatography

一、实验目的

1. 学习薄层色谱的原理；了解薄层色谱的意义。

2. 掌握薄层色谱的操作方法。

二、实验原理

薄层色谱（TLC）是一种固—液吸附色谱，将样品点在涂有吸附剂（固定相）的玻璃板上，然后放到有机溶剂（流动相或展开剂）中，由于样品中各组分在固定相和流动相中的吸附和解吸能力不同，从而达到分离的目的。比移值（R_f）是表示色谱图上斑点位置的一个数值，按下式计算（图 10-15）：

$$R_f = \frac{溶质的最高浓度中心至原点中心的距离}{展开剂前沿至原点中心的距离} = \frac{a}{b}$$

各组分的 R_f 值随被分离化合物的结构、固定相和流动相的性质、温度及薄层板本身的因素不同而变化。在这些实验条件固定的情况下，对每一种化合物来说，R_f 值是一个特定数值，因此可通过测定 R_f 值对未知物进行定性鉴定。要鉴定某一具体化合物，应在相同实验条件下，与已知标准物质的 R_f 值进行对比。

图 10-15　R_f 计算示意图

薄层色谱技术一般应用于以下四个方面：

(1)微量样品的分离和鉴定。

(2)常量样品的精制。

(3)跟踪反应进程。

(4)为柱色谱摸索最佳分离条件。

三、主要试剂

硅胶 GF$_{254}$；0.5％羧甲基纤维素钠溶液；苯、乙醚、冰醋酸、甲醇、95％乙醇、乙酸乙

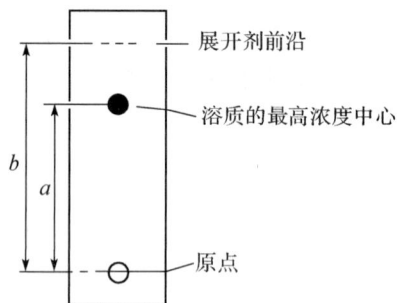

酯、石油醚(60~90℃);1%甲基橙与亚甲基蓝的乙醇混合溶液;1%苯甲酸与苯甲酸乙酸的乙醇混合溶液;镇痛药片 APC。

四、实验装置

薄层色谱实验装置如图 10-16 所示。

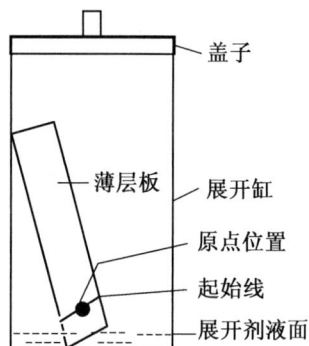

图 10-16　薄层色谱直立式展开示意图

五、实验步骤

1. 薄层板的制备

(1) 取 5 块载玻片,洗净、烘干,取用时用食指和拇指夹住载玻片的两边,不能触摸载玻片表面。

(2) 称取硅胶 GF_{254} 5g 于小烧杯中,边搅拌边慢慢加入 11mL 0.5%羧甲基纤维素钠溶液,调成均匀的糊状。

(3) 将调好的糊状硅胶均分到 5 块载玻片上,用手左右上下倾斜,使硅胶在载玻片上铺开,然后将载玻片在桌边上轻轻敲震,使硅胶薄层表面均匀光滑[1],最后将载玻片放在水平架或台面上,自然晾干[2]。

2. 薄层板的活化

将晾干的薄层板放入烘箱中进行活化,在 105~110℃下加热 30min。取出放入干燥器内保存备用。

3. 点样

在距薄层板底端 1cm 处轻画一条横线作为起始线。用直径小于 1mm 的毛细管蘸取样品溶液,垂直轻轻地点在起始线上。如果溶液太稀,一次点样不够,待前一次溶剂挥发后再重新在同一位置点样,点样后斑点直径不超过 2mm[3]。若在同一薄层板上点几个样品,则样品在起始线上的间距为 1~1.5cm。

4. 展开

薄层的展开需在密闭容器中进行。先将选择的展开剂倒入展开缸中(液面高度约为 0.5cm),使展开缸内溶剂蒸气饱和 5~10min,再将点好样品的薄层板放入展开缸中,盖好盖子进行展开[4],如图 10-16 所示。当展开剂前沿上升至终止线,或各组分已明显分开时,取出薄层板并用铅笔标记展开剂前沿的位置。

5. 显色

如果被分离的各组分是有色的,展开后薄层板上可以清楚地看到各个有色斑点。如果化合物本身无色,看不到色斑,则可在紫外灯下观察有无荧光斑点,或将薄层板放入装有少量碘的密闭容器中,用碘蒸气熏的方法来显色[5]。标记各组分斑点位置,计算各组分的 R_f 值。

6. 实验内容

(1) 1%甲基橙与亚甲基蓝的乙醇混合溶液的薄层色谱

展开剂:95%乙醇。

显色:肉眼观察有色斑点的位置,计算 R_f 值。

(2) 1%苯甲酸与苯甲酸乙酸的乙醇混合溶液的薄层色谱

展开剂:$V_{石油醚}$:$V_{乙酸乙酯}$＝5:1(体积比)。

显色:在 254nm 紫外灯下观察斑点,计算 R_f 值。

(3)镇痛药片 APC 的薄层色谱

样品制备:取两片 APC 药片,在研钵中研细,然后转移至盛有 10mL 95％乙醇的锥形瓶中,充分振摇 20min,过滤,除去不溶物,滤液用无水硫酸镁干燥,得样品溶液。

展开剂:$V_{苯}$:$V_{乙醚}$:$V_{冰醋酸}$:$V_{甲醇}$＝120:60:18:1(体积比)。

显色:①在 254nm 紫外灯下观察;②碘熏法显色。

比较斑点,计算 R_f 值。

7. 结束整理

实验完毕,将用过的薄层板用水洗干净,并用蒸馏水淋洗两次后烘干,备用。

【注意事项】

[1] 制板时动作要迅速,薄层厚度要均匀,表面要光滑,无气泡和颗粒。

[2] 要晾干到载玻片上的糊状物在倾斜时不再流动为止。

[3] 样品如果太少,展开后可能斑点不清;样品如果太多或直径太大,展开时会造成拖尾、扩散现象。

[4] 点样的位置应高于展开剂液面。

[5] 采用碘熏法显色时,取出薄层板后要立即用铅笔标记斑点位置,因为碘在空气中挥发后,斑点会消失。

【思考题】

1. 如果展开剂的液面高于薄层板起始线,会产生什么结果?

2. 如何用薄层色谱法来确定两种化合物是否是同一物质?

3. 试分析展开剂的极性与化合物的 R_f 值大小之间的关系。

4. 如何确定混合物分离后各 R_f 值所对应的组分?

5. 试分析薄层色谱斑点拖尾的原因。

实验8 柱色谱

Column chromatography

一、实验目的

1. 学习柱色谱的原理。

2. 掌握柱色谱的操作方法。

二、实验原理

柱色谱法是利用色谱柱将混合物中各组分分离的操作过程,属于固—液吸附色谱。色谱柱内装有固体吸附剂(固定相,如氧化铝或硅胶),液体样品从柱顶加入,被吸附在柱的顶端,然后从柱顶部加入有机溶剂(洗脱剂)冲洗。由于固体吸附剂对各组分的吸附能力不同,吸附能力弱的下移速度快,吸附能力强的下移速度慢,最后各组分先后随溶剂流出,分别收集,从而达到分离的目的。

三、主要试剂

甲基橙和亚甲基蓝混合液（1mg 甲基橙和 5mg 亚甲基蓝溶解在 2.2mL 95％乙醇中）；中性氧化铝。

四、实验装置

柱色谱装置如图 10-17 所示。

五、实验步骤

1. 装柱

选择一支合适的色谱柱，洗净干燥后垂直固定在铁架台上，用镊子取少许脱脂棉放入色谱柱中，并用长玻璃棒将脱脂棉推到底部，轻轻压紧，再在脱脂棉上铺一层 0.5cm 厚的石英砂，用套有橡皮塞的玻璃棒轻敲柱子，使砂子上层水平，关闭活塞。向色谱柱内加入 95％乙醇至柱高的 3/4 处，打开活塞，控制流出速度为 1 滴/s，然后通过一个干燥的长颈漏斗慢慢地加入中性氧化铝，边加边轻敲柱身，使之装填均匀紧密，装入量约为柱长的 3/4，再在氧化铝顶部加盖一层水平的 0.5cm 厚的石英砂[1]。

石英砂
谱带
吸附剂

玻璃棉

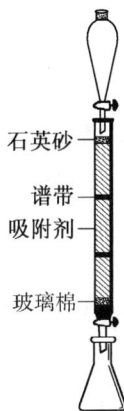

图 10-17　柱色谱装置

2. 上样

慢慢开大色谱柱活塞，将顶部多余的溶剂放出，当柱内液面降至比石英砂层高 1cm 处时，关闭活塞，立即用滴管沿柱内壁加入 2mL 样品溶液，打开活塞。待液面降至石英砂层时，用滴管吸取 0.5mL 洗脱剂洗涤色谱柱内壁上的样品，重复几次，直至洗净为止[2]。

3. 洗脱分离

在色谱柱上安装滴液漏斗，用 95％乙醇进行滴加洗脱[3]，调节色谱柱活塞，按 1 滴/s 的速度流出[4]，用锥形瓶接收洗出液。亚甲基蓝极性小，向下移动快；甲基橙极性大，留在柱的上端。当蓝色带流近出口时，收集蓝色带洗出液。当蓝色带全部从柱里流出，洗出液呈无色时，更换接收瓶，改用水为洗脱剂。当甲基橙流近出口时，用接收瓶收集，直至洗出液无色为止。

【注意事项】

[1] 在整个装填过程中，保持流速不变，液面始终要高出吸附剂，即石英砂层不能露出液面。

[2] 上样与洗涤时，要沿柱内壁流下，以免把柱顶吸附剂冲得凹凸不平。

[3] 在整个洗脱分离过程中，洗脱剂应维持一定高度液面，勿使色谱柱中氧化铝表面的溶液流干。

[4] 洗脱速度不能太快，以免色谱柱内交换来不及达到平衡，影响分离效果；太慢，样品在柱中停留时间过长，活性氧化铝可能破坏样品中某些成分。

【思考题】

1. 色谱柱中如果有气泡裂缝或装填不均匀，对分离有什么影响？如何避免？

2. 洗脱速度为什么不能太快，也不能太慢？

3. 色谱柱顶端为什么要覆盖一层石英砂?

4. 柱色谱中,如何选择合适的洗脱剂?

实验 9 红外光谱
Infrared spectroscopy

一、实验目的

1. 了解红外光谱测定有机化合物结构的原理。

2. 学习红外光谱制样方法和一种红外光谱仪的操作方法。

3. 学习红外光谱图的初步解析方法。

二、实验原理

红外光谱是反映分子中原子振动方式的一种表征手段。当一束红外光照射某一物质时,分子中的共价键就像弹簧一样会发生各种形式的振动,如伸缩振动、弯曲振动等。由于化学键的类型不同,振动所需的能量也不同,所以能吸收不同频率的红外光,因而可以通过分析红外光谱吸收频率来鉴定各种化学键是否存在。

三、主要试剂

固体样品:苯甲酸;KBr(分析纯)。液体样品:苯乙酮。

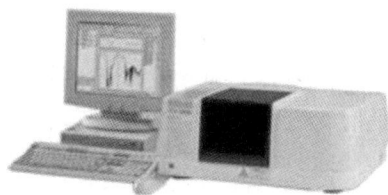

图 10-18 FTIR 红外光谱仪

四、实验装置

红外光谱实验仪器如图 10-18 至图 10-20 所示。

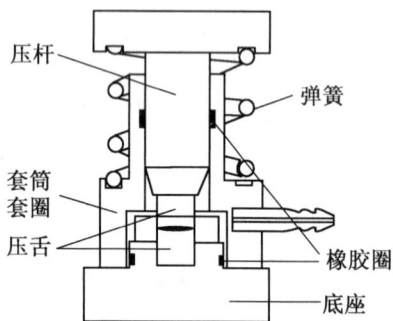

图 10-19 压片机

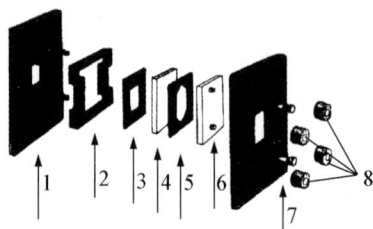

1—池架前板;2,6—橡皮垫片;3,5—KBr盐片;
4—铅垫片;7—池架后板;8—固定螺帽

图 10-20 液体池

五、实验步骤

1. 固体样品——KBr 压片法

(1) 压片

取 100~200mg 预先经充分干燥的 KBr,放在玛瑙研钵中,加入 2~3mg 干燥苯甲酸样品[1],混合研磨成极细的粉末,并将其装入干净金属模具中,轻轻转动模具,使混合物在模具中分布均匀[2]。然后将模具放在压片机上(图 10-19),慢慢加压到 20MPa 压力下,保持 3min。再慢慢减压到零,取出压好的透明的样品 KBr 片。用同样方法压一块纯 KBr 空白片。

（2）扫红外光谱图

先用纯 KBr 空白片为参比,按仪器操作方法从 $4000cm^{-1}$ 扫谱至 $400cm^{-1}$。结束后,取下纯 KBr 参比片,换上样品 KBr 薄片,按相同方法扫谱,得苯甲酸的红外光谱图。

2. 液体样品——液膜法

用滴管将一滴苯乙酮滴在一块干燥的 KBr 盐片上[3],再用另一块 KBr 盐片盖上,轻轻旋转两块盐片,使样品液体涂布成均匀液膜,并无气泡。然后将涂有样品的 KBr 盐片固定在夹具上(图 10-20),放在红外光谱仪中,记录红外光谱图。扫谱结束后,小心取出盐片。用软纸擦净液体,滴几滴无水乙醇洗去试样。擦干、烘干后,将两块盐片放干燥器中保存。

3. 结束整理

实验完毕后,将玛瑙研钵、刮刀、模具等接触样品的部件用氯仿擦洗,红外灯烘干,冷却后放入干燥器中。

4. 谱图解析[4]

在扫谱得到的苯甲酸和苯乙酮红外光谱图中找出苯环、羰基、羟基、甲基、亚甲基等主要吸收峰的归属。

【注意事项】

[1] 用于红外光谱分析的样品,纯度要高,必须保证无水,因为水在 $3710cm^{-1}$ 和 $1630cm^{-1}$ 处有强吸收峰,且水对卤化钾盐片有溶蚀作用。样品不能加得太多,样品量和 KBr 的比例大约为 1:100。

[2] 为了防潮,模具须用氯仿擦洗,样品混合研磨宜在红外干燥灯下操作。

[3] KBr 盐片易受潮,使用前后,须用氯仿清洗,干燥后保存在干燥器内。

[4] 谱图解析可采用"四先四后一抓法":先特征,后指纹;先最强峰,后次强峰;先粗查,后细找;先否定,后肯定;抓一组相关峰。

【思考题】

1. 用于红外光谱分析的样品为什么要干燥?

2. 红外光谱图中的特征区和指纹区在有机物结构表征中各有哪些作用?

实验 10　核磁共振谱

Nuclear magnetic resonance

一、实验目的

1. 了解核磁共振谱的工作原理。

2. 学习核磁共振仪的操作方法。

3. 初步掌握[1]H 核磁共振谱图的解析方法。

二、实验原理

质子自旋产生磁矩,在外加磁场中,其磁矩有两种取向:一种与外加磁场同向,能量较低;另一种与外加磁场反向,能量较高,能量差为 ΔE。用电磁波照射氢核,若电磁波的能量正好等于 ΔE,氢核就会吸收能量,从低能级跃迁到高能级,产生核磁共振。

有机化合物中的氢核被电子云包围,电子云对氢核有屏蔽作用,使质子实际感受的磁场强度要比外加磁场强度弱些。有机化合物分子中,不同环境中的氢原子,因其周围的电子云密度不同,对外加磁场的屏蔽作用不同,从而发生共振所需的电磁波的频率也不相同,因此信号就分别出现在不同的位置,这种因质子周围环境不同而出现的信号位置差异叫作化学位移(δ)。^{1}H NMR 测定的常用标准物四甲基硅烷(TMS)的化学位移规定为 0。

三、主要试剂

四甲基硅烷(TMS);氘代氯仿($CDCl_3$);乙酸乙酯;肉桂酸。

四、实验仪器

核磁共振仪如图 10-21 所示。

图 10-21 核磁共振仪

五、实验步骤

1. 样品配制[1]

在标准样品管中用 $CDCl_3$[2]配制成 2%～10%的约 1mL 的样品溶液,再加入约 0.2%的 TMS 作为内标物[3]。

2. 实验操作要求

根据各校具体情况,在老师指导下,参照核磁共振仪的使用说明书,学习测定有机化合物氢谱的基本操作方法。

3. 谱图解析

(1)不等性氢原子种类

核磁共振谱图中共振峰的组数,表示有机化合物中不同环境下的氢原子种类数。

(2)不等性氢原子数

核磁共振谱图上各组峰面积积分比,表示各类氢原子数目的最简比,结合分子式即可确定分子中各类氢原子的数目。

(3)官能团

根据各质子峰的化学位移值,查阅常见基团中质子的化学位移表[4](表 8-2),可确定分子中可能存在的官能团。

（4）邻位氢原子数目

根据各组峰的裂分情况和耦合常数值，确定邻近碳原子上的氢原子的数目。

【注意事项】

［1］样品必须是纯品。如果是液体，可以直接测试；固体或黏度较大的液体，则需要配制成溶液进行测试。

［2］用氘代溶剂如 $CDCl_3$ 或 D_2O 时，活性质子会与氘交换，因而氢的信号会消失。

［3］用 D_2O 作溶剂时，由于 TMS 不溶于其中，可采用 4,4-二甲基-4-硅代戊磺酸钠（TSPA）作为内标物。

［4］常见基团中质子的化学位移参见表 8-2。

【思考题】

1. 何谓化学位移？在分析有机化合物结构中有何作用？

2. 试简述核磁共振谱图的分析步骤。

第 11 章　有机化合物的合成实验
Chapter 11　Synthesis of organic compounds

实验 11　环己烯的制备
Preparation of cyclohexene

一、实验目的
1. 学习环己醇在浓磷酸催化下脱水制备环己烯的原理和方法。
2. 初步掌握分馏、水浴加热蒸馏、分液、干燥等基本操作技能及产率的计算方法。

二、实验原理
醇在浓硫酸或浓磷酸的作用下可以发生分子内消除反应,生成烯烃。其反应方程式为

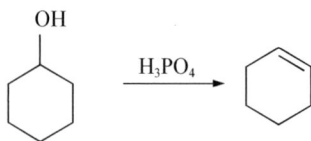

三、主要试剂
环己醇;浓磷酸;精盐;5%碳酸钠溶液;无水氯化钙。

四、实验装置
环己烯的制备装置如图 11-1 所示。

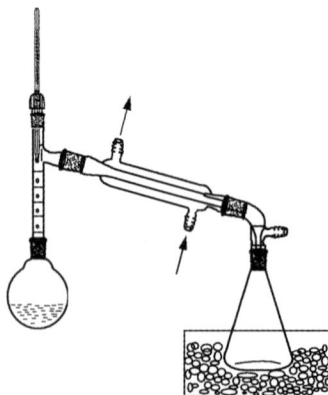

图 11-1　环己烯制备装置

五、实验步骤

1. 加料及组装反应装置

在 50mL 干燥的圆底烧瓶中放入 10.4mL(0.1mol)环己醇[1]、4mL 浓磷酸和几粒沸石。烧瓶上装一短的分馏柱作分馏装置,接上冷凝管,用锥形瓶作接收器,外用冰水冷却,如图 11-1 所示。

2. 反应

小火慢慢加热,控制加热速度,使分馏柱上端的温度不要超过 90℃[2],馏出液为带水的混合物。当烧瓶中只剩下很少量的残渣并出现阵阵白雾时,即可停止加热。全部蒸馏时间约需 1h。

3. 产品收集

将馏出液用精盐饱和[3],再加入 3~4mL 5%碳酸钠溶液中和微量的酸。将此液体倒入分液漏斗中,振摇后静置分层。将下层水溶液自漏斗下端活塞放出,上层的粗产品自漏斗的上口倒入干燥的小锥形瓶中,加入 1~2g 无水氯化钙干燥[4]。将干燥后的产品倒入干燥的蒸馏瓶中,加入几粒沸石,用水浴加热蒸馏,收集 80~85℃的馏分。称量产品,计算产率。

【注意事项】

[1] 环己醇熔点为 24℃,在较低温度下为针状晶体,熔化时为黏稠液体,用量筒量取时不易倒尽,可用称量法。

[2] 环己烯与水形成的共沸物的沸点为 70.8℃,环己烯与环己醇的共沸物的沸点为 64.9℃,环己醇与水的共沸物的沸点为 97.8℃。为减少未反应的环己醇蒸出,控制分馏温度不要超过 90℃,蒸馏速度约为 1 滴/(2~3s)。

[3] 加精盐饱和馏出液可降低环己烯在水中的溶解度,减少损失。

[4] 分液时水层要分离完全,否则有残留水会增加无水氯化钙的用量,使产物被干燥剂吸附而造成更多损失。

[5] 无水氯化钙一定要干燥完全(此处除水和环己醇),否则在蒸馏时会形成共沸物,使产物纯度不高。

[6] 不能混有干燥剂,因为吸水的干燥剂在蒸馏时又会脱水,使产品不纯。

[7] 在蒸馏干燥的产品时,蒸馏所用仪器无须干燥无水。

【思考题】

1. 本实验中可能产生的副产物有哪些?以较浓硫酸作催化剂有什么优点?

2. 本实验中为什么选用无水氯化钙作为干燥剂?

3. 在分馏过程中产生的阵阵白雾是什么物质?

实验 12　乙苯的制备

Preparation of ethyl benzene

一、实验目的

1. 学习傅—克烷基化制备芳烃的原理和方法。

2. 学习无水操作技术、电动搅拌器的使用和有毒气体的处理方法。

二、实验原理

傅—克烷基化反应是制备烷基苯的方法之一。可用 $FeCl_3$、BF_3、$ZnCl_2$、$AlCl_3$ 等路易斯酸作催化剂,其中催化性能以无水 $AlCl_3$ 和无水 $AlBr_3$ 为最佳;卤代烃、醇、烯是常用的烷基化试剂。大于 3 个 C 的烷基因易发生重排,得到与原烷基结构不同的重排产物,所以傅—克烷基化反应不适合制备大于 3 个 C 的直链烷基苯。本实验用溴乙烷和苯在无水 $AlCl_3$ 催化下制备乙苯。反应式如下:

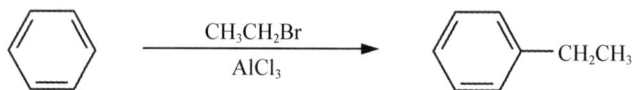

三、主要试剂

溴乙烷;苯;无水三氯化铝;浓盐酸;浓硫酸;无水氯化钙。

四、实验装置

乙苯的主要制备装置如图 11-2 所示。

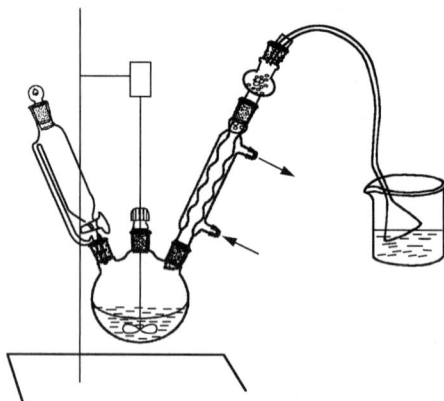

图 11-2　搅拌回流滴加干燥尾气吸收装置

五、实验步骤

1. 组装反应装置[1]

将 100mL 三口烧瓶、机械搅拌器、恒压滴液漏斗、球形冷凝管、氯化钙干燥管和尾气吸收装置[2],按图 11-2 所示组装好反应装置,烧杯中用水作气体吸收剂。

2. 加料及反应

迅速称取 15g(0.11mol)无水三氯化铝[3]放入 100mL 三口烧瓶中,再加入 30mL(0.34mol)无水苯[4],通冷凝水,开启机械搅拌器。在搅拌下从滴液漏斗中缓慢滴加 7.5mL(0.1mol)溴乙烷和 15mL(0.17mol)苯的混合液,控制滴加速度,使反应不至于太剧烈,即溴化氢的逸出速度不会太快。滴加完成后,用电热套(或沸水浴)加热回流 1h。反应结束时,三氯化铝几乎溶完,也不再有溴化氢气体放出。

3. 产品收集

将反应体系冷至室温,在通风橱中边搅拌边慢慢将 5mL 浓盐酸、50g 水和 50g 碎冰的混合液滴入反应瓶中。当固体溶解完后,用分液漏斗分去水层,有机层用等体积水洗涤三次后,转入干燥锥形瓶中,然后用无水氯化钙干燥。将干燥后的液体小心地倒入 100mL 圆底烧瓶中,安装好分馏装置(图 11-1)。用电热套加热分馏,蒸出苯,馏出速度控制在 1 滴/s。当温度到达 85℃时,停止加热,稍冷后把分馏装置改装成蒸馏装置,加热蒸馏,收集 132~139℃的馏分[5],即得产品,称量,计算产率。

【注意事项】

[1] 仪器或药品如果不干燥,将严重影响实验结果或使反应难以进行。

[2] 吸收剂为水,为防止倒吸,应使漏斗一边浸入液面以下,一边露出水面。

[3] 无水三氯化铝暴露在空气中,极易吸水潮解而失效。应当用新升华过的或包装严密的试剂。称取动作要迅速。

[4] 实验时最好用除去噻吩的苯,方法是:用硫酸多次洗涤(每次用相当于苯体积 15%的浓硫酸),直到不含噻吩为止,然后依次用水、10%氢氧化钠溶液和水洗涤,用无水氯化钙干燥后蒸馏。检验苯中噻吩的方法:取 1mL 样品,加 2mL 0.1%靛红的浓硫酸溶液,振荡数分钟,若有噻吩,酸层将呈浅蓝绿色。

[5] 85~132℃的馏分为含少量乙苯的苯,另用瓶收集。如果将此馏分再分馏一次,可再回收一部分乙苯。139℃以上的残液中含有二乙苯及多乙苯。

【思考题】

1. 为什么在本实验中苯的用量大大超过理论量?如果将苯的用量减少(例如减少为 0.2 或 0.3mol),会产生什么结果?

2. 反应完毕后,为什么要将混合物倒入稀盐酸中?为什么要用冰?

3. 分离产品时,为什么要采用分馏法先把苯分离出来?将干燥过的粗产品直接进行蒸馏有什么不好?

实验 13　7,7-二氯双环[4.1.0]庚烷的制备

Preparation of 7，7 - dichloro bicyclo［4.1.0］heptane

一、实验目的

1. 了解相转移催化、卡宾的生成及加成反应。

2. 巩固萃取、简单蒸馏、减压蒸馏、机械搅拌等操作。

二、实验原理

用一催化剂使得互不相溶的两相物质发生反应或加速反应,叫作相转移催化反应,使用的催化剂称为相转移催化剂。常用的相转移催化剂有季铵盐、冠醚和非环多醚三类。本实验在季铵盐三乙基苄基氯化铵存在下,用氯仿、浓氢氧化钠溶液和环己烯为原料合成 7,7-二氯双环[4.1.0]庚烷。其反应过程如下:

水相　$(C_2H_5)_3N^+CH_2C_6H_5Cl^-$ + NaOH $\rightleftharpoons$ $(C_2H_5)_3N^+CH_2C_6H_5OH^-$ + NaCl

有机相　$(C_2H_5)_3N^+CH_2C_6H_5Cl^-$ + :CCl$_2$ $\rightleftharpoons$ $(C_2H_5)_3N^+CH_2C_6H_5CCl_3^-$ + H$_2$O

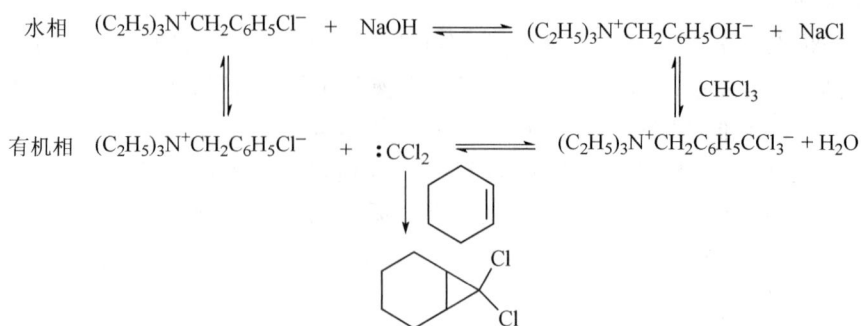

相转移催化反应必须在强烈的搅拌下才能顺利进行。

三、主要试剂

环己烯;氯仿;三乙基苄基氯化铵(TEBA);氢氧化钠;无水硫酸镁。

四、实验装置

7,7-二氯双环[4.1.0]庚烷制备的主要装置如图 11-3 所示。

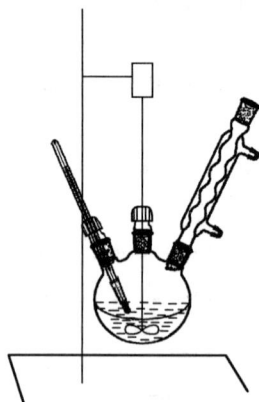

图 11-3　搅拌回流控温装置

五、实验步骤

1. 加料及组装反应装置

在装有机械搅拌器、回流冷凝管和温度计的 100mL 干燥三口烧瓶(图 11-3)中,加入 2.0mL(0.02mol)新蒸馏的环己烯、0.3g TEBA 和 10mL(0.125mol)氯仿。

2. 反应

开动搅拌器快速搅拌[1],将 4g 氢氧化钠溶于 4mL 水中得到的氢氧化钠溶液从冷凝管上口慢慢滴加入三口烧瓶中,此时反应液温度慢慢上升[2],混合液为黄色,并有固体析出。滴加完毕后,在快速搅拌下用 55～60℃的水浴加热回流 40min[3]。

3. 粗产品分离

反应液冷却至室温,加入 10mL 水使固体溶解,将混合液转入分液漏斗中,分出有机层,水层用 10mL 氯仿提取一次,将提取液与有机层合并,然后用水洗涤 3 次(每次 10mL)

至中性[4]，最后用无水硫酸镁干燥。

4. 蒸馏和减压蒸馏

将干燥后的有机清液小心转入蒸馏烧瓶中，加少许沸石，先用水浴常压蒸馏蒸去氯仿，然后进行减压蒸馏[5]，收集 $80\sim82℃/2.13kPa(16mmHg)$ 馏分。

【注意事项】

[1] 本反应是在两相中进行的，必须强烈搅拌反应物。

[2] 反应为放热反应，应控制滴加速度，使反应温度维持在 $55\sim60℃$。若天冷不能自然升温至 $55℃$，可用热水浴稍加热。

[3] 若温度低，则反应不完全；若温度高，原料和中间体二氯卡宾易挥发损失。

[4] 分液时，水层一定要分尽，有机层干燥要彻底，否则会影响蒸馏。

[5] 产品也可用空气冷凝管进行常压蒸馏，收集沸程约为 $190\sim200℃$ 的馏分。

【思考题】

1. 简述相转移催化反应的原理。

2. 二氯卡宾是一种活性中间体，容易与水作用。本实验中，在有水存在的情况下为什么二氯卡宾还能与环己烯发生加成反应？

3. 本实验中，在滴加氢氧化钠溶液时剧烈搅拌的目的是什么？

实验 14 1-溴丁烷的制备
Preparation of *n*-butyl bromide

一、实验目的

1. 学习以溴化钠、浓硫酸和正丁醇制备 1-溴丁烷的原理和方法。
2. 掌握带吸收有害气体装置的回流操作技术。

二、实验原理

醇与氢卤酸发生取代反应生成卤代烃，是一种制备卤代烃的重要方法。氢卤酸用卤化钠和浓硫酸来代替。其反应式为

$$NaBr + H_2SO_4 \xrightarrow{\triangle} NaHSO_4 + HBr$$

$$HBr + CH_3CH_2CH_2CH_2OH \xrightleftharpoons{\triangle} CH_3CH_2CH_2CH_2Br + H_2O$$

可能发生的副反应为

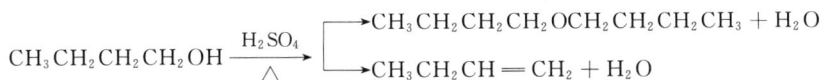

$$CH_3CH_2CH_2CH_2OH \xrightarrow[\triangle]{H_2SO_4} \begin{cases} CH_3CH_2CH_2CH_2OCH_2CH_2CH_2CH_3 + H_2O \\ CH_3CH_2CH=CH_2 + H_2O \end{cases}$$

$$2HBr + H_2SO_4 \xrightarrow{\triangle} Br_2 + SO_2 + 2H_2O$$

三、主要试剂

溴化钠；浓硫酸；正丁醇；饱和碳酸氢钠溶液；无水氯化钙；5%氢氧化钠溶液。

四、实验装置

1-溴丁烷制备实验装置如图 11-4 所示。

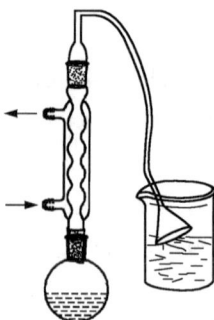

图 11-4　回流气体吸收装置

五、实验步骤

1. 浓硫酸稀释

在 100mL 圆底烧瓶中,加入 10mL 水,分批慢慢加入 12mL(0.22mol)浓硫酸,边加边振摇,同时用冷水冷却。

2. 加料

在稀硫酸中,依次加入 7.5mL(0.08mol)正丁醇、10g(0.10mol)研细的溴化钠、几粒沸石,充分摇匀。

3. 组装反应装置

装上球形冷凝管,在冷凝管上端接一吸收溴化氢气体的装置(图 11-4),用 5% 的氢氧化钠溶液作吸收剂[1]。

4. 反应

用小火加热到沸腾,调节火力,微沸回流 30min,并适当摇动烧瓶,以使反应物充分接触。

5. 粗产品分离

反应完毕后,冷却 3~5min,将回流装置改为蒸馏装置,加几粒沸石,加热蒸出所有 1-溴丁烷粗产品[2]。

6. 粗产品净化

将馏出液小心地转入分液漏斗中,用 10mL 水洗涤,静置分层,将下层转入另一干燥的分液漏斗中。用 5mL 浓硫酸洗涤,分去下层浓硫酸。上层依次用水、饱和碳酸氢钠溶液和水各 10mL 洗涤,最后将有机层转入干燥的锥形瓶中[3],加入无水氯化钙干燥,加塞间歇振摇,直至液体澄清透明。

7. 产品精制

将干燥后的产品小心倒入干燥的 50mL 圆底烧瓶中(不能将干燥剂倒入烧瓶中),加几粒沸石,加热蒸馏,收集 99~103℃ 的馏分,称量产品,计算产率。

【注意事项】

[1] 吸收剂氢氧化钠溶液不能太多,应使漏斗一边浸入液面以下,一边露出水面为宜,以防倒吸。

[2] 1-溴丁烷粗产品是否蒸完,可用以下三种方法来判断:

① 蒸馏瓶中上层油层消失;

② 馏出液由浑浊变为澄清;

③ 用盛有少量清水的小烧杯收集几滴馏出液,无油珠出现。

[3] 分液前,先搞清楚哪层是有机层,哪层是水溶液层,再分液,以免将有机层误认为是水层倒掉。

【思考题】

1. 本实验存在哪些副反应? 其产生的主要原因是什么?

2. 反应后蒸出的粗产品中有哪些杂质? 它们是如何被一一去除的?

3. 用饱和碳酸氢钠溶液洗涤后,为什么不直接加入无水氯化钙干燥,而先要用水洗涤?

4. 产品精制时,所用的蒸馏装置仪器是否要干燥? 为什么?

实验 15　无水乙醇的制备
Preparation of anhydrous ethanol

一、实验目的

1. 学习氧化钙法制备无水乙醇的原理和方法。

2. 掌握无水回流和蒸馏操作技术。

二、实验原理

通常工业用的 95% 的乙醇不能直接用蒸馏法制取无水乙醇,因 95% 乙醇和 5% 的水会形成恒沸物。通过加入氧化钙(生石灰)煮沸回流,使乙醇中的水与生石灰作用生成氢氧化钙,然后再蒸馏,可得 99.5% 的无水乙醇。其反应式如下:

$$CaO + H_2O \longrightarrow Ca(OH)_2$$

若需要绝对无水乙醇,可采用金属钠除去乙醇中含有的微量水分。其反应式如下:

$$2Na + 2H_2O \Longrightarrow 2NaOH + H_2$$

但生成的 NaOH 与乙醇存在如下平衡反应:

$$C_2H_5OH + NaOH \Longrightarrow C_2H_5ONa + H_2O$$

所以单独使用金属钠不能完全除去乙醇中的水,必须加入过量的高沸点的酯,如邻苯二甲酸二乙酯或琥珀酸二乙酯,与生成的 NaOH 作用,抑制上述反应。只要严格防潮,可制得含水量低于 0.01% 的乙醇。

三、主要试剂

95% 乙醇;生石灰;氢氧化钠;金属纳;邻苯二甲酸二乙酯。

四、实验装置

无水乙醇的制备装置如图 11-5 和图 11-6 所示。

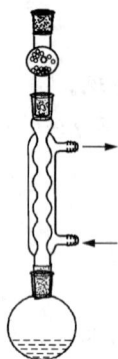

图 11-5 回流干燥装置   图 11-6 干燥蒸馏装置

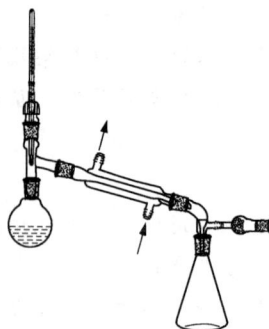

五、实验步骤

1. 除水

在 250mL 圆底烧瓶中，放置 100mL 95％（1.7mol）乙醇、40g 生石灰和 0.5g 氢氧化钠。装上回流冷凝管，其上端接一无水氯化钙干燥管，如图 11-5 所示，加热回流 2h。

2. 产品收集

反应完毕，稍冷后取下回流冷凝管，改成蒸馏装置，在尾接管末端接一无水氯化钙干燥管[1]，如图 11-6 所示。蒸去前馏分[2]，用干燥的蒸馏瓶作接收器，再次接收即得无水乙醇[3]。

3. 绝对无水乙醇的制备

在 250mL 的圆底烧瓶中，加入 100mL 99.5％的无水乙醇和 2g 金属钠，用图 11-5 所示的装置进行回流反应。待反应完毕后，再加入 2.8g 邻苯二甲酸二乙酯，回流 2h，然后按图 11-6 所示的装置进行蒸馏，蒸去前馏分，用干燥洁净的接收瓶收集，得到绝对无水的乙醇[3]。

【注意事项】

[1] 因无水乙醇容易吸水，所以蒸馏所用仪器均需彻底干燥，在操作过程中和存放时必须防止水分侵入。

[2] 前馏分中可能因仪器未完全干燥等原因而有少量水分。

[3] 要测定乙醇中含有的微量水分，可加入乙醇铝的苯溶液，若有大量白色沉淀生成，表明乙醇中含水量超过 0.05％。

【思考题】

1. 如何用分子筛来制备无水乙醇？

2. 除了用金属钠和邻苯二甲酸二乙酯制备绝对无水乙醇外，还有哪些方法？

3. 本实验中，在回流结束后，为什么不先除去氧化钙、氢氧化钠等固体，就直接进行蒸馏？

实验 16　三苯甲醇的制备

Preparation of triphenylmethanol

一、实验目的

1. 学习用格氏试剂制备三苯甲醇的原理和方法。
2. 巩固回流、蒸馏、分液、无水等基本操作。

二、实验原理

三苯甲醇可由格氏试剂和酯反应来制备。其反应方程式如下所示：

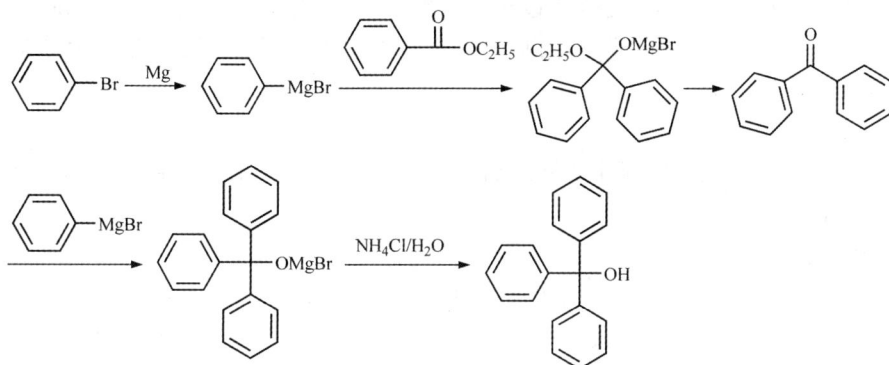

可能发生的副反应为

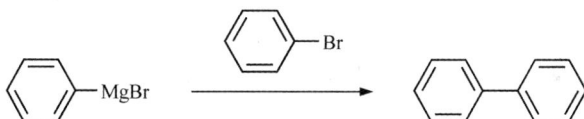

三、主要试剂

溴苯；乙醚；镁屑；碘；苯甲酸乙酯；氯化铵；水；石油醚($60\sim90℃$)；95％乙醇。

四、实验装置

三苯甲醇制备的主要装置如图 11-7 和图 11-8 所示。

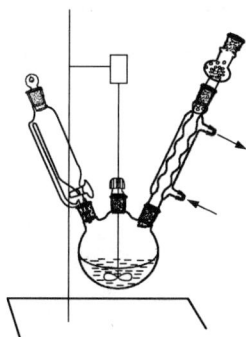

图 11-7　搅拌回流滴加干燥装置

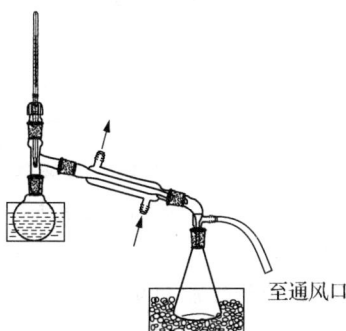

图 11-8　低沸点液体蒸馏装置

五、实验步骤

1. 加料及反应

在干燥的 100mL 三口烧瓶上安装机械搅拌器、带有氯化钙的干燥管、冷凝管和恒压滴液漏斗[1](图 11-7),加入 0.8g(0.032mol)镁屑[2]和一粒碘[3]。在滴液漏斗中加入 4mL(0.038mol)溴苯和 14mL 无水乙醚混合液。先滴入 4~6mL 溴苯—无水乙醚混合液[4],此时镁表面形成气泡,溶液出现轻微浑浊,球形冷凝管下端出现回流。如果不反应,可稍微温热。待反应趋于平稳后,再慢慢滴加余下的溴苯—无水乙醚混合液,控制滴加速度,保持混合液微沸,搅拌。滴加完毕后,继续搅拌回流 30min,以使镁屑尽量反应完全[5]。

用冷水浴冷却三口烧瓶,边搅拌边从滴液漏斗中慢慢滴入 1.8g(0.0128mol)苯甲酸乙酯和 4mL 无水乙醚的混合液[6],控制滴加速度以使乙醚保持回流。滴加完毕后,在搅拌下缓慢加热回流 20min。

2. 水解

在冷水浴冷却下从滴液漏斗中慢慢加入 4g 氯化铵与 30mL 水配制好的饱和溶液,以分解加成产物[7]。

3. 产品提取及精制

改成低沸点蒸馏装置(图 11-8),用水浴加热蒸馏出乙醚,冷却。抽滤并用少量石油醚洗涤得粗产品[8]。用石油醚—95%乙醇(体积比 2∶1)混合溶剂进行重结晶,即得产品。

【注意事项】

[1] 格氏反应需在无水条件下进行,所用仪器、药品都要充分干燥,并避免空气中水汽进入。

[2] 使用前将镁条用细砂皮将其表面的氧化膜除去,剪成边长为 0.5cm 左右的小碎片。

[3] 当卤代芳烃与镁作用较难发生时,通常用温热或一小粒碘作催化剂引发反应。如果用温水浴,不加碘即可反应。若加碘,不可多加,四分之一绿豆大小即可,多加会产生较多的副产品。

[4] 滴加溴苯—无水乙醚混合液不宜过快,以免反应过于剧烈,不易控制,还会增加副产品产生。以维持反应液微沸为宜。

[5] 制好的格氏试剂呈混浊灰绿色,若为澄清可能瓶中有水存在,这时制格氏试剂失败。

[6] 滴入苯甲酸乙酯—无水乙醚的混合液后,反应液颜色变化为灰绿色→玫瑰红→橙色→灰绿色。若无颜色变化,表明实验失败。

[7] 滴加氯化铵溶液后,烧瓶中固体应全部溶解,如果仍有少量絮状沉淀,此为 $Mg(OH)_2$ 和未反应的 Mg,可加稀盐酸使之溶解。

[8] 副产物可溶于石油醚而被除去。

【思考题】

1. 本实验有哪些可能的副反应?

2. 实验中无水乙醚起哪些作用?

3. 为什么要在反应开始时加入碘?

实验 17　2-甲基-2-丁醇的制备

Preparation of 2-methyl -2-butanol

一、实验目的

1. 学习用格氏试剂制备 2-甲基-2-丁醇的原理和方法。
2. 进一步熟悉格氏反应的各步操作方法。

二、实验原理

2-甲基-2-丁醇可由格氏试剂和酮反应来制备。其反应方程式如下：

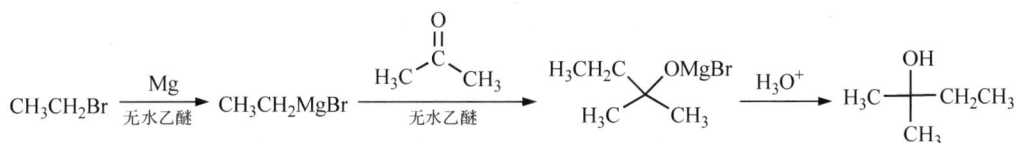

$$CH_3CH_2Br \xrightarrow[\text{无水乙醚}]{Mg} CH_3CH_2MgBr \xrightarrow[\text{无水乙醚}]{\underset{\underset{CH_3}{\overset{O}{\parallel}}{H_3C-C-CH_3}}} \quad \underset{H_3C}{\overset{H_3CH_2C}{}}\!\!\!C\!\!\!\underset{CH_3}{\overset{OMgBr}{}} \xrightarrow{H_3O^+} H_3C\underset{CH_3}{\overset{OH}{C}}CH_2CH_3$$

三、主要试剂

溴乙烷；无水乙醚；镁屑；碘；丙酮；10％硫酸；10％碳酸钠溶液；无水碳酸钾。

四、实验装置

2-甲基-2-丁醇制备的主要装置参见图 11-7 和图 11-8。

五、实验步骤

1. 加料及反应

在干燥的 100mL 三口烧瓶上安装搅拌器、带有氯化钙的干燥管、冷凝管和恒压滴液漏斗[1]，加入 10mL 无水乙醚、1.8g(0.074mol)镁屑[2]和一粒碘[3]。在滴液漏斗中加入 10mL(0.13mol)溴乙烷和 10mL 无水乙醚混合液。先从恒压滴液漏斗往烧瓶中滴入 4～6mL 溴乙烷—无水乙醚混合液，此时镁表面形成气泡，溶液出现轻微浑浊，球形冷凝管下端出现回流。如果不反应，可稍微温热。然后开动搅拌器搅拌，再慢慢滴加溴乙烷—无水乙醚混合液，控制滴加速度，保持反应液呈微沸状态，搅拌。滴加完毕后，继续搅拌回流 30min，以使镁屑尽量反应完全。

用冷水浴冷却三口烧瓶，边搅拌边从滴液漏斗中慢慢滴入 5mL(0.068mol)丙酮和 5mL 无水乙醚的混合液，控制滴加速度以使乙醚保持回流。滴加完毕后，在搅拌下缓慢加热回流 20min。瓶中有灰白色黏稠状固体析出。

2. 水解

在冰水浴冷却下从滴液漏斗中慢慢加入 50mL 10％硫酸，边加边搅拌，以分解加成产物[4]。

3. 产品提取及精制

将反应液移至分液漏斗，静置，分出醚层，水层用乙醚(6mL)萃取两次，萃取物并入醚层。用 10mL 10％碳酸钠溶液洗涤一次，无水碳酸钾干燥，蒸馏[5]，收集 100～102℃馏分，即得 2-甲基-2-丁醇。

【注意事项】

[1]～[3] 同实验 16 中的注意事项。

[4] 也可以用 NH_4Cl 溶液（17g NH_4Cl 溶于水，稀释至 70mL）水解。

[5] 蒸馏时要先采用低沸点液体蒸馏装置蒸掉乙醚，再收集产品。

【思考题】

1. 如果用乙酸乙酯来代替丙酮，会得到什么产物？

2. 10%硫酸的作用是什么？

3. 为什么制备和进行格氏化反应时，所用的药品和仪器必须绝对干燥？

实验 18　苯片呐醇的制备

Preparation of benzene pinacol

一、实验目的

1. 学习光化学合成的基本原理；初步掌握光化学合成实验技术。

2. 掌握苯片呐醇的合成方法。

3. 巩固有机溶剂重结晶的基本操作。

二、实验原理

由光激发分子所导致的化学反应称为光化学反应。通常能引起化学反应的光为紫外光和可见光（其波长 $\lambda = 200 \sim 700\text{nm}$），能发生光化学反应的物质一般具有不饱和键，如烯烃、醛、酮等。

绝大多数有机分子在基态时是单线态（记作 S_0，电子自旋配对）。当吸收一定波长的光而受激发时，由于电子跃迁过程中电子自旋方向不变，所以总是产生激发单线态（分子第一激发态，记作 S_1）。但是激发单线态很不稳定，很快会发生激发电子自旋方向的倒转，变成热力学上比较稳定的三线态（激发三线态，记作 T_1），由激发单线态向三线态转化的过程为系间窜跃（inter system crossing, ISC），激发单线态 S_1 可通过发出荧光释放出原来所吸收的光子能量，从而恢复到基态 S_0。三线态 T_1 可通过发出磷光（波长较荧光要长）恢复至基态；也可以通过无辐射衰变，放出能量，返回基态（图 11-9）。由三线态 T_1 返回基态 S_0 的这两种途径都涉及自旋方向的转变，因而比较困难，需要一定的时间，所以三线态比单线态的寿命要长。许多光化学反应都是当反应物分子处于激发三线态时发生的。因此，三线态在光化学反应中特别重要。例如，PhCOPh 的光化学还原反应就属于此类。不过，也有光化学反应发生在激发单线态的。

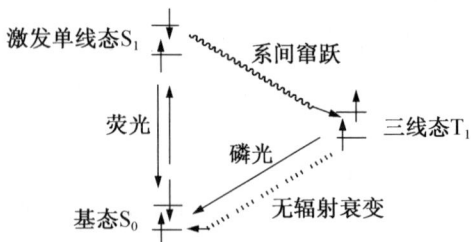

图 11-9　光能转换

本实验的苯片呐醇是由二苯甲酮和异丙醇混合液在紫外光照射下合成的,其反应式为

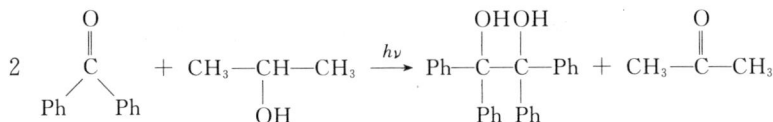

$$2\ \underset{Ph\ \ \ Ph}{\overset{\overset{\displaystyle O}{\parallel}}{C}} + CH_3-\underset{OH}{\overset{}{CH}}-CH_3 \xrightarrow{h\nu} \underset{Ph\ Ph}{Ph-\overset{OH\ OH}{\overset{|\ \ |}{C-C}}-Ph} + CH_3-\overset{\overset{\displaystyle O}{\parallel}}{C}-CH_3$$

三、主要试剂

二苯甲酮;异丙醇;冰醋酸。

四、实验装置

试管;集热式恒温水浴装置;抽滤装置。

五、实验步骤

1. 加料

在一支 10mL 试管[1]中加入 0.5g(2.7mmol)二苯甲酮和 3mL(39mmol)异丙醇,在温水浴(约 40℃)中加热,使二苯甲酮溶解。

2. 光化学反应

向试管中滴加一滴冰醋酸[2],充分摇荡后,再补加异丙醇至试管口,以使反应尽量在无空气条件下进行,用玻璃塞将试管塞住[3],置试管于烧杯中,并放在光照良好的窗台上,光照一周[4],试管内有大量白色晶体析出。

3. 粗产品分离

抽滤,干燥后得苯片呐醇粗产品。

4. 产品精制

粗产品可用冰醋酸作溶剂进行重结晶。

(纯苯片呐醇为无色针状晶体,熔点为 188~190℃(分解)。)

【注意事项】

[1] 该反应为双分子反应,浓度大有利于反应的进行,因此应选择较小的反应容器。

[2] 痕量的碱存在会使苯片呐醇分解成二苯甲醇和二苯甲酮,加一滴醋酸在于消除玻璃仪器的微弱碱性。

[3] 二苯甲酮在光照下产生自由基,而空气中的氧会消耗自由基,使反应变慢,所以应用溶剂充满容器以排除氧。

[4] 光化学反应主要在紧靠器壁的很薄的一层溶液中进行,要经常摇动试管,防止晶体结在管壁上,阻止光的辐射。

【思考题】

1. 光化学反应实验中,如果试管口没塞塞子,对反应会产生什么影响?

2. 写出苯片呐醇在碱存在下的反应式。

3. 写出苯片呐醇在酸催化下发生重排的机理和产品。

实验 19　双酚 A 的制备

Preparation of bisphenol A

一、实验目的

1. 了解苯酚和丙酮缩合制备双酚 A 的原理。
2. 掌握搅拌、控温和重结晶等基本操作。

二、实验原理

双酚 A 又名 2,2-双(4′-羟基苯基)丙烷,是无色针状晶体。可用于制造多种高分子材料,如环氧树脂、聚碳树脂、聚砜、聚苯醚、聚芳酯等,还可用作塑料和油漆的抗氧剂、聚氯乙烯的热稳定剂、橡胶的防老剂等。

工业上,双酚 A 主要通过苯酚和丙酮在酸催化下发生缩合反应来制备。反应式如下:

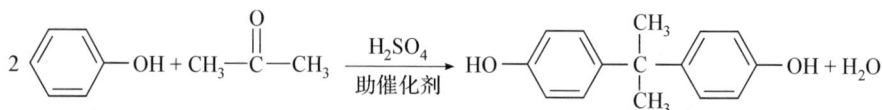

本实验以巯基乙酸为助催化剂,甲苯为分散剂,以防止反应物结块。

三、主要试剂

苯酚;丙酮;甲苯;80% 硫酸;巯基乙酸。

四、实验装置

双酚 A 制备的主要装置如图 11-10 所示。

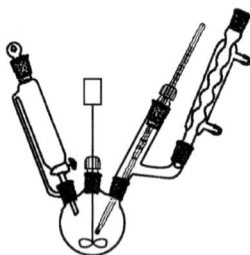

图 11-10　搅拌滴加控温回流装置

五、实验步骤

1. 加料及组装反应装置

在 100mL 三口烧瓶中,加入 5g(0.053mol)苯酚、9mL 甲苯,并将 3.5mL 80% 硫酸边用冷水冷却边慢慢加入瓶中(温度在 28℃ 以下),然后在搅拌下缓慢加入 0.1g 助催化剂巯基乙酸。按图 11-10 组装好反应装置。在恒压滴液漏斗中加入 2mL(0.027mol)丙酮。

2. 反应

开启搅拌器,缓慢滴加丙酮,控制反应温度约为 35℃[1]。滴加完毕后,在 35～40℃下继续搅拌 2h。

3. 粗产品分离

将反应混合液倒入盛有 20mL 冰水的烧杯中,静置,析出沉淀。待完全冷却后,抽滤,并用冷水洗涤至中性[2],抽干后,再低温真空干燥[3],得到粗产品。

4. 产品精制

按每克粗产品需 8～10mL 甲苯[4]进行重结晶。

【注意事项】

[1] 如果温度过低,则反应慢;温度过高,会发生磺化等副反应。

[2] 水洗的目的是除去硫酸根离子和未反应的苯酚。

[3] 烘干前,先用滤纸吸干水分。如果干燥温度高,双酚 A 易熔化或结块。

[4] 甲苯滤液中还含有少量的双酚 A,可先浓缩再结晶。

【思考题】

1. 两分子苯酚与一分子丙酮在硫酸催化下发生缩合反应时,可能生成哪几种异构体的产品?

2. 为什么要控制加硫酸的速度?

3. 反应温度为什么控制在 35℃左右?

4. 粗产品用冷水洗涤至中性的目的是什么?

实验 20　乙醚的制备

Preparation of diethyl ether

一、实验目的

1. 掌握实验室制备乙醚的原理和方法。

2. 掌握低沸点易燃液体的蒸馏操作技术。

二、实验原理

两分子醇之间脱水可以生成醚。由乙醇脱水制备乙醚的反应方程式如下:

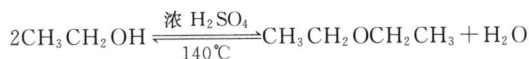

$$2CH_3CH_2OH \xrightleftharpoons[140℃]{\text{浓} H_2SO_4} CH_3CH_2OCH_2CH_3 + H_2O$$

可能发生的副反应为

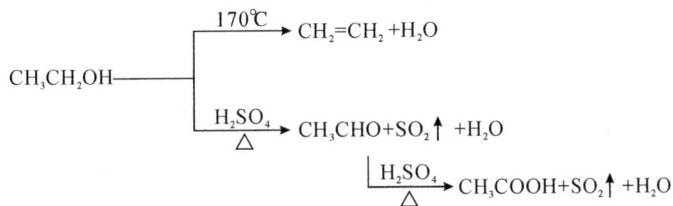

$$CH_3CH_2OH \begin{cases} \xrightarrow{170℃} CH_2=CH_2 + H_2O \\ \xrightarrow[\triangle]{H_2SO_4} CH_3CHO + SO_2\uparrow + H_2O \\ \qquad\quad \xrightarrow[\triangle]{H_2SO_4} CH_3COOH + SO_2\uparrow + H_2O \end{cases}$$

三、主要试剂

95％乙醇；浓硫酸；饱和氯化钠溶液；5％氢氧化钠溶液；饱和氯化钙溶液；无水氯化钙。

四、实验装置

乙醚制备的主要装置如图 11-11 和图 11-12 所示。

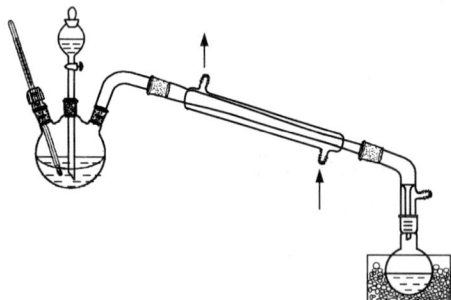

图 11-11　滴加蒸馏装置　　　　　　图 11-12　低沸点液体蒸馏装置

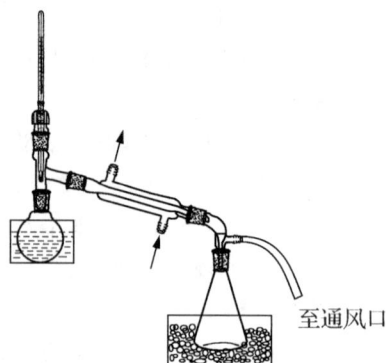

五、实验步骤

1. 加料及组装反应装置

在 100mL 三口烧瓶中放入 10mL(0.17mol)95％乙醇，在冷水浴冷却下边摇动边缓慢加入 10mL 浓硫酸，使得混合均匀，并加入少量沸石。再在滴液漏斗中加入 20mL (0.34mol)95％乙醇。温度计水银球及滴液漏斗的末端应浸入液面下距瓶底 0.5～1cm 处。如图 11-11 所示[1]。

2. 反应

用电热套加热，当反应温度升到 140℃时，开始由滴液漏斗慢慢加入 95％乙醇，并使滴加速度与馏出速度大致相等，并保持温度在 135～140℃[2]。待乙醇滴加完后继续加热 45min，直至温度升到 160℃。关闭热源，停止反应。

3. 粗产品分离

将馏出液转入分液漏斗，依次用 8mL 5％氢氧化钠溶液、8mL 饱和氯化钠溶液洗涤，再用 8mL 饱和氯化钙溶液洗涤 2 次[3]。将有机层转入锥形瓶中，用无水氯化钙干燥。

4. 产品精制

将干燥后的产品小心转入干燥的 50mL 圆底烧瓶中，加少许沸石，按照图 11-12 所示，用水浴加热蒸馏[4]，收集 33～38℃馏分，称量产品，计算产率。

【注意事项】

[1] 由于乙醚是低沸点液体，在蒸馏时必须冷却接收瓶。

[2] 若滴加速度过快，那么乙醇会未反应即被蒸出，减少醚的生成。

[3] 氢氧化钠溶液洗涤后，会使醚层碱性增强，接下来直接用饱和氯化钙溶液洗涤时，会有氢氧化钙沉淀析出。为了清除残留的碱并减少乙醚在水中的溶解度，故在用饱和

氯化钙溶液洗涤前,先用饱和氯化钠溶液洗涤。

[4] 不能用明火加热,否则易发生火灾事故。

【思考题】

1. 本实验馏出液中含有哪些杂质?分别用什么除去?

2. 反应温度过高或过低对反应有什么影响?

3. 为什么温度计的水银球和滴液漏斗的末端均应浸入反应液中?

实验 21 正丁醚的制备

Preparation of *n*-butyl ether

一、实验目的

1. 掌握醇分子间脱水制醚的反应原理和方法。

2. 学习分水器的实验操作方法。

二、实验原理

由正丁醇脱水制备正丁醚的反应方程式如下:

$$CH_3CH_2CH_2CH_2OH \underset{134\sim135℃}{\overset{H_2SO_4}{\rightleftharpoons}} CH_3CH_2CH_2CH_2-O-CH_2CH_2CH_2CH_3 + H_2O$$

本实验的副反应为

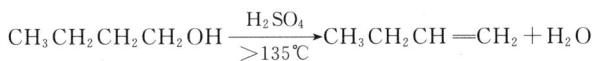

$$CH_3CH_2CH_2CH_2OH \xrightarrow[>135℃]{H_2SO_4} CH_3CH_2CH=CH_2 + H_2O$$

三、主要试剂

正丁醇;浓硫酸;5%氢氧化钠溶液;饱和氯化钙溶液;无水氯化钙。

四、实验装置

正丁醚制备的主要装置如图 11-13 所示。

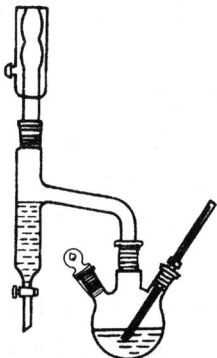

图 11-13 回流分水控温装置

五、实验步骤

1. 加料

在 100mL 三口烧瓶中加入 15.5mL（0.17mol）正丁醇、2.5mL 浓硫酸和几粒沸石，摇匀后[1]，装上温度计，水银球插入液面以下，装上分水器，分水器的上端接一回流冷凝管。先在分水器内放置（V－1.7mL）水[2]，如图 11-13 所示。

2. 回流分水

小火加热至微沸，回流。反应中产生的水经冷凝后收集在分水器的下层，上层有机相积至分水器支管时，即可返回烧瓶[3]。大约经 1h 后，三口烧瓶中反应液温度可达 134～136℃[4]。当分水器全部被水充满时停止加热。若继续加热，则反应液会变黑并有较多副产物丁烯生成。

3. 粗产品分离

将反应液冷却到室温后连同分水器中的液体一起倒入盛有 25mL 水的分液漏斗中，充分振摇，静置后弃去下层液体，上层为粗产品。

4. 粗产品净化

粗产品依次用 10mL 5％氢氧化钠溶液洗涤两次，再用 10mL 水和 10mL 饱和氯化钙溶液[5]洗涤，最后用无水氯化钙干燥。

5. 收集产品

将干燥好的产品移至 50mL 干燥的蒸馏瓶中，蒸馏，收集 139～142℃的馏分，即得产品，称量，计算产率。

【注意事项】

[1] 加料时，正丁醇和浓硫酸如果不充分摇动混匀，硫酸局部过浓，加热后易使反应溶液变黑。

[2] V 为分水器放满水的体积。按反应式计算，生成水的量约为 1.5mL，但是实际分出水的体积要略大于理论计算量，因为有单分子脱水的副产物生成，故分水器放满水后先放掉约 1.7mL 水，当分水器被水注满时，反应结束。

[3] 本实验利用恒沸混合物蒸馏方法，采用分水器使反应生成的水层上面的有机层不断流回反应瓶中，从而将生成的水除去。在反应液中，正丁醚和水形成恒沸物，沸点为 94.1℃，含水 33.4％。正丁醇和水形成恒沸物，沸点为 93℃，含水 45.5％。正丁醚和正丁醇形成二元恒沸物，沸点为 117.6℃，含正丁醇 82.5％。此外，正丁醚还能和正丁醇、水形成三元恒沸物，沸点为 90.6℃，含正丁醇 34.6％，含水 29.9％。这些含水的恒沸物冷凝后，在分水器中分层：上层主要是正丁醇和正丁醚，下层主要是水。利用分水器可以使分水器上层的有机物流回反应器中。

[4] 反应开始回流时，因为有恒沸物存在，温度不可能马上达到135℃。但随着水被蒸出，温度逐渐升高，最后达到135℃以上，即应停止加热。如果温度升得太高，反应溶液会炭化变黑，并有大量副产物丁烯生成。

[5] 正丁醇溶在饱和氯化钙溶液中，而正丁醚微溶。

【思考题】

1. 如何严格掌握反应温度呢？怎样得知反应已经比较完全？

2. 反应物冷却后为什么要倒入 25mL 水中？各步的洗涤目的何在？

3. 制备乙醚和正丁醚在反应原理和实验操作上有什么异同？为什么？

实验 22　微波法合成 β-萘甲醚
Microwave-assisted preparation of β-naphthyl methyl ether

一、实验目的

1. 了解微波加热在有机合成中的应用。

2. 掌握微波加热操作技术。

二、实验原理

微波加热能大幅度提高化学反应速率。其一是因为微波有极强的穿透作用，可以在反应物内外同时均匀、迅速地加热；其二是因为在密闭容器中压力增大、温度升高，也能促进反应速度的加快。将微波加热应用于有机合成并取得效果的反应有 Diels-Alder 环加成反应、重排反应、酯化反应、Perkin 反应、烷基化、氧化、取代、缩合、加成、聚合等，几乎涉及有机反应的各个领域。

β-萘甲醚，又名橙花醚，白色鳞片状结晶，橙花味，主要用于调配皂用香精、花露水和古龙香水等，也是合成炔诺孕酮和米非司酮等药物的中间体。工业上用 β-萘酚在硫酸催化下与过量甲醇反应制 β-萘甲醚，耗时 3～6h。本实验采用结晶氯化铁为催化剂，微波加热来快速合成。反应式为

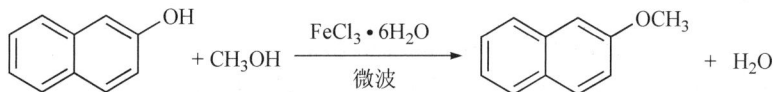

$$\text{(OH)} + CH_3OH \xrightarrow[\text{微波}]{FeCl_3 \cdot 6H_2O} \text{(OCH}_3\text{)} + H_2O$$

三、主要试剂

β-萘酚；无水甲醇；结晶氯化铁；无水乙醇；无水乙醚；10% 氢氧化钠溶液；无水氯化钙。

四、实验装置

微波反应仪；圆底烧瓶；回流冷凝管；烧杯。

五、实验步骤

1. 加料

将 0.70g(5mmol) β-萘酚与 1.10g(4mmol)无水甲醇[1]放入聚四氟乙烯的反应釜中，再加入 0.15g(0.55mmol)氯化铁晶体，旋紧釜盖，充分振荡，使之完全溶解。

2. 微波辐射

将反应釜放入微波炉中，用 280W 微波功率辐射 10min[2]，将反应釜取出，冷却至室温。

3. 粗产品分离

开釜，加入 5mL 水，用 10mL 无水乙醚分两次萃取，醚层分别用 10% 氢氧化钠溶液[3]和 5mL 水洗涤[4]。然后醚层用无水氯化钙干燥后，用低沸点蒸馏装置蒸去乙醚。冷却，

析出浅黄色晶体。

4. 产品精制

用 5mL 无水乙醇重结晶,得白色鳞片状晶体,称量,计算产率。

5. 产品表征

测出产品的熔点(文献值为 72℃)。

【注意事项】

[1] 甲醇毒性很强,对人体的神经和血液系统影响极大,其蒸气能损害人的呼吸道黏膜和视力。取用时应戴橡皮手套,在通风橱中操作。

[2] 按照仪器正确的操作步骤进行,以免发生损坏。

[3] 氢氧化钠洗涤液不要倒掉,加酸酸化后可回收 β-萘酚。

[4] 萃取后的水层可回收氯化铁。

【思考题】

1. 微波加热较传统加热有哪些优点?

2. 不同溶剂对微波辐射的吸收能力会有所不同,试比较水、乙醇、二氯甲烷三种溶剂对微波辐射吸收的程度的大小。

实验 23 苯乙酮的制备
Preparation of acetophenone

一、实验目的

1. 学习傅—克酰基化制备芳香酮的原理和方法。

2. 掌握无水操作、电动搅拌器的使用和毒气体的处理方法。

二、实验原理

傅—克酰基化反应是制备芳香酮的重要方法。常用酰化剂有酰氯和酸酐;催化剂为无水三氯化铝。因酰氯气味难闻,而酸酐原料易得、纯度高、操作方便、副反应少且不产生有害的气体等,所以本实验用乙酸酐与过量苯在无水三氯化铝催化下制备苯乙酮。反应式如下:

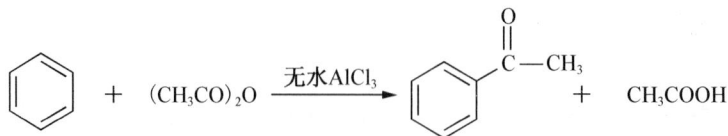

主要的副反应为

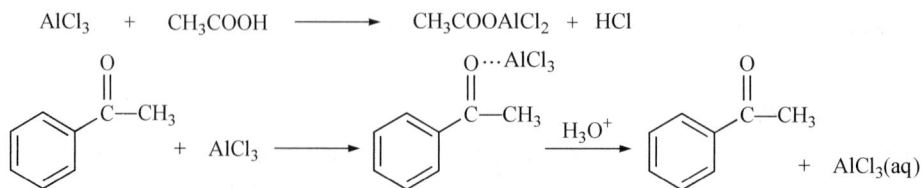

由于生成的乙酸要消耗三氯化铝,且芳香酮和三氯化铝会形成稳定络合物,故催化剂用量很大。本实验所用无水三氯化铝的量约为乙酸酐的 2.2 倍。反应结束后,加入浓盐酸将络合物水解,即得到产物。

三、主要试剂

无水三氯化铝;苯;乙酸酐;浓盐酸;10%氢氧化钠溶液;无水硫酸镁。

四、实验装置

苯乙酮的制备装置如图 11-14 和图 11-15 所示。

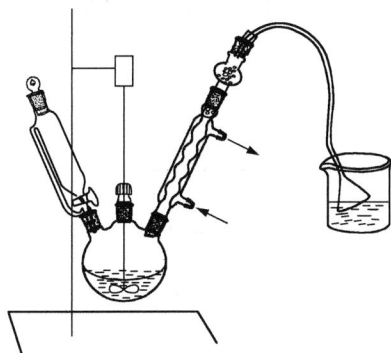

图 11-14　搅拌回流滴加干燥尾气吸收装置　　　　图 11-15　高沸点液体蒸馏装置

五、实验步骤

1. 组装反应装置[1]

将 100mL 三口烧瓶、机械搅拌器、恒压滴液漏斗、球形冷凝管、氯化钙干燥管和尾气吸收装置[2]按图 11-14 所示组装好反应装置。

2. 加料及反应

迅速称取 13g(0.01mol)无水三氯化铝[3]放入 100mL 三口烧瓶中,再加入 16mL (0.18mol)无水苯[4],通冷凝水,开启机械搅拌。在搅拌下从滴液漏斗中缓慢滴加 4mL (0.036mol)乙酸酐[5],控制滴加速度,使三口烧瓶微热,约 10min 滴加完毕。然后,用电热套(或沸水浴)加热微沸回流约 1h。反应结束时,三氯化铝几乎溶完,也不再有氯化氢气体放出。

3. 产品收集

将反应体系冷至室温,在搅拌下慢慢将 18mL 浓盐酸和 35g 碎冰混合液滴入反应瓶中。当固体溶解完后,倒入分液漏斗分出苯层,水层用苯萃取两次,每次 8mL 苯,合并有机层。然后依次用 15mL 的 10%氢氧化钠、15mL 水洗涤,最后用无水硫酸镁干燥,将干燥后的粗产品小心倒入 50mL 的干燥圆底烧瓶中,先用常压蒸馏装置缓慢加热蒸馏蒸掉苯,当温度升到 140℃左右,停止加热,稍后改用空气冷凝管(图 11-15),继续蒸馏[6],收集 195~202℃的馏分,称量,计算产率。

(苯乙酮的熔点为 20.5℃,沸点为 202℃,相对密度为 1.0281。)

【注意事项】

[1]～[4] 同实验 12 注意事项。

[5] 乙酸酐在用前需重新蒸馏,取 137～140℃ 馏分使用。

[6] 苯乙酮沸点较高,也可以采用减压蒸馏。

【思考题】

1. 本实验中用的乙酸酐为什么要重新蒸馏?反应所用的试剂和仪器为什么要充分干燥无水?

2. 反应完成后为什么要加入浓盐酸和冰水混合物来分解产物?

3. 傅—克酰基化和傅—克烷基化反应中,三氯化铝的用量有何不同?为什么?

4. 为什么硝基苯可作为傅—克反应的溶剂?

5. 本实验对无水三氯化铝操作有哪些要求?

实验 24　4-苯基-2-丁酮的制备

Preparation of 4 - phenyl - 2 - butanone

一、实验目的

1. 学习乙酰乙酸乙酯烃基化的原理和方法。

2. 巩固无水和减压蒸馏等操作。

二、实验原理

乙酰乙酸乙酯中的亚甲基具有较强的酸性,在醇钠碱作用下,可生成碳负离子,与卤代烃发生亲核取代,生成乙酰乙酸乙酯的取代物,进而在稀碱存在下,发生酮式分解,生成酮。本实验以氯化苄为烃基化试剂来合成 4-苯基-2-丁酮。反应式如下:

$$CH_3COCH_2COOC_2H_5 + C_2H_5ONa \xrightarrow{C_2H_5OH} [CH_3COCHCOOC_2H_5]^- Na^+$$

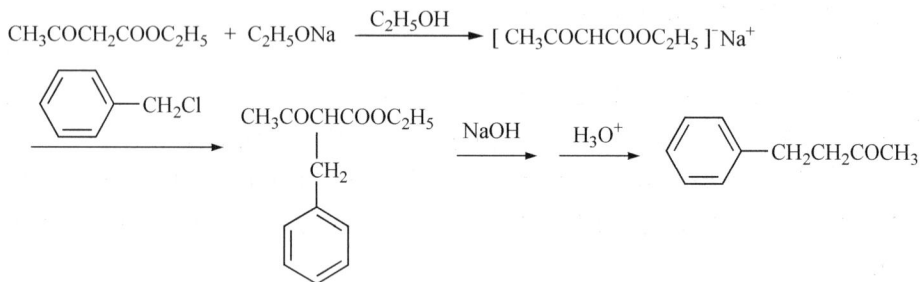

4-苯基-2-丁酮存在于烈香杜鹃的挥发油中,具有止咳、祛痰等作用。

三、主要试剂

金属钠;乙酰乙酸乙酯;氯化苄;无水乙醇;氢氧化钠;稀氢氧化钠溶液;浓盐酸;无水氯化钙;乙醚。

四、实验装置

4-苯基-2-丁酮制备的主要装置如图 11-16 所示。

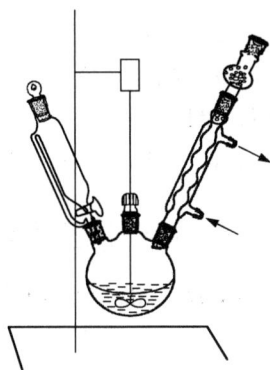

图 11-16　回流滴加干燥装置

五、实验步骤

1. 加料及反应

在 100mL 干燥的三口烧瓶上安装搅拌器、恒压滴液漏斗、回流冷凝管和氯化钙干燥管(图 11-16)。往三口烧瓶中加入 20mL 无水乙醇[1]，并分批向瓶内加入 1.0g (0.044mol)切成小片的金属钠[2]，加入速度以维持溶液微沸为宜。待金属钠全部作用完后，开动搅拌器，从恒压滴液漏斗慢慢加入 5.5mL(0.044mol)乙酰乙酸乙酯[3]，加完后继续搅拌 10min。再缓慢滴加 5.3mL(0.046mol)重新蒸馏过的氯化苄，这时有大量白色沉淀生成，约 7min 加完。然后加热微沸回流，至反应物呈中性为止，约 1.5h。

2. 酮式分解

稍冷后慢慢滴加由 4g 氢氧化钠和 30mL 水配成的溶液，约 15min 加完，此时溶液由米黄色变为橙黄色，呈强碱性。然后将反应物加热回流 2h，有油层析出，水层 pH 值为 8～9。

3. 酸化脱羧

反应液冷却至 40℃以下，在搅拌下缓慢滴加浓盐酸[4]至 pH 值为 1～2(约 10mL)，将酸化后的溶液加热回流 1h 进行脱羧反应，直到无二氧化碳气泡逸出为止。

4. 产品分离

将溶液冷却至室温，用稀氢氧化钠溶液调节至中性，用乙醚萃取三次(每次 15mL)，合并醚萃取液，用水洗涤一次后，用无水氯化钙干燥。然后先水浴加热蒸馏蒸去乙醚，后进行减压蒸馏，收集 95～102℃/1.07～1.2kPa(8～9mmHg)馏分。

(纯 4-苯基-2-丁酮为无色透明液体，沸点为 233～234℃，折射率为 1.5110。)

【注意事项】

[1] 此步反应要求仪器干燥并使用绝对无水的乙醇，乙醇中所含少量的水会明显降低产率。

[2] 加入金属钠的速度要迅速，防止钠被氧化。

[3] 乙酰乙酸乙酯储存时间如果过长会出现部分分解，用时须经减压蒸馏纯化。

[4] 滴加速度不宜太快，以防止酸分解时逸出大量二氧化碳而冲料。

【思考题】

1. 乙酰乙酸乙酯中的亚甲基氢为什么有酸性？

2. 烷基取代乙酰乙酸乙酯分别与稀碱和浓碱作用将各得到什么产物？

3. 如何利用乙酰乙酸乙酯合成下列化合物？

(1) 2-庚酮；(2) 4-甲基-2-己酮；(3) 苯甲酰乙酸乙酯；(4) 2,6-庚二酮。

实验 25　苯甲醇和苯甲酸的制备

Preparation of benzyl alcohol and benzoic acid

一、实验目的

1. 了解康尼查罗(Cannizzaro)反应的基本原理。

2. 熟练掌握萃取、洗涤、低沸点和高沸点物质蒸馏等基本操作。

二、实验原理

本实验应用康尼查罗反应，以苯甲醛为反应物，在浓氢氧化钠溶液作用下生成苯甲醇和苯甲酸。反应方程式如下：

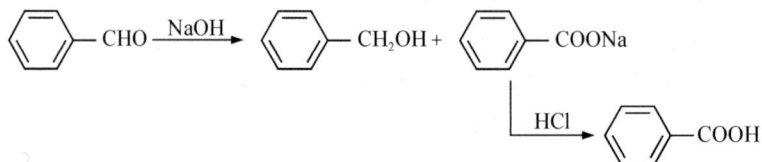

三、主要试剂

氢氧化钠；苯甲醛[1]；浓盐酸；乙醚；饱和亚硫酸氢钠溶液；10%碳酸钠溶液；无水硫酸镁。

四、实验装置

苯甲醇和苯甲酸制备的主要装置如图 11-17 所示。

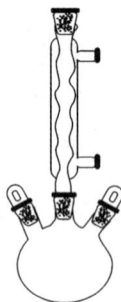

图 11-17　回流装置

五、实验步骤

1. 加料及反应

在 100mL 圆底烧瓶中加入 8g(0.2mol)氢氧化钠和 30mL 水,搅拌溶解,稍冷,加入 10mL(0.1mol)新蒸苯甲醛,加热回流 40min。

2. 苯甲醇的提取

停止加热,边搅拌边往烧瓶中加入 20mL 冷水,使固体全部溶解。将反应液转入分液漏斗中,用乙醚萃取 3 次(每次 10mL),合并萃取液。依次用 5mL 饱和亚硫酸氢钠溶液、10mL 10%碳酸钠溶液和 10mL 水洗涤,最后用无水硫酸镁干燥。先蒸去乙醚,然后换空气冷凝管蒸馏[2]收集 198~202℃馏分,即得苯甲醇。

3. 苯甲酸的提取

乙醚萃取过的水溶液,用浓盐酸边滴加边搅拌至刚果红试纸变蓝,然后用冰水冷却,使结晶全部析出,抽滤即得粗产品,以水重结晶得苯甲酸[3]。

【注意事项】

[1] 苯甲醛易被空气氧化,使用前应重新蒸馏,否则苯甲醛已氧化成苯甲酸而使苯甲醇的产量相对减少。

[2] 蒸馏时要先采用低沸点液体蒸馏装置蒸掉乙醚,当温度升高到 140℃时换用空气冷凝管再蒸馏(装置见图 11-18)。

[3] 苯甲酸重结晶时,溶液若有颜色,需加活性炭脱色。

【思考题】

1. 为什么要使用新鲜的苯甲醛?

2. 蒸乙醚时需注意哪些问题?

3. 对乙醚萃取液依次用饱和亚硫酸氢钠溶液、10%碳酸钠溶液和水洗涤的目的是什么?

实验 26 呋喃甲醇和呋喃甲酸的制备

Preparation of α-furyl methanol and α-furoic acid

一、实验目的

1. 学习用呋喃甲醛制备呋喃甲酸和呋喃甲醇的原理和方法。

2. 加深对康尼查罗反应的认识。

二、实验原理

本实验应用康尼查罗反应,以呋喃甲醛为反应物。在浓氢氧化钠作用下生成呋喃甲醇和呋喃甲酸。反应方程式如下:

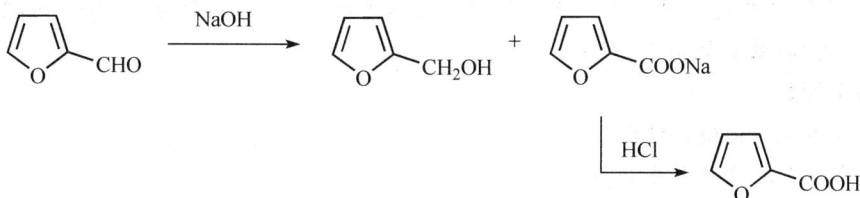

三、主要试剂

43％氢氧化钠溶液；呋喃甲醛[1]；乙醚；无水硫酸镁；浓盐酸。

四、实验装置

呋喃甲醇和呋喃甲酸制备的主要装置如图 11-18 所示。

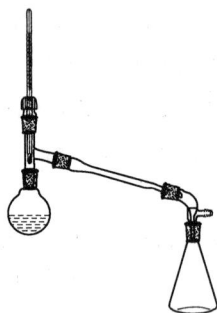

图 11-18　高沸点液体蒸馏装置

五、实验步骤

1. 加料及反应

将 3mL 43％氢氧化钠溶液放入 100mL 烧杯中，冰水浴冷却至 5℃左右，在搅拌下滴加 10mL（0.12mol）呋喃甲醛[2]，约需 10min 滴加完毕，维持反应温度在 8～12℃[3]，加完后在冰浴中继续搅拌 10min 后，再在室温下搅拌 10min，得到黄色浆状物。

2. 呋喃甲醇的提取

在搅拌下加入适量的水（约 5mL）使固体全部溶解。将反应液转入分液漏斗中，用乙醚萃取 3 次（12mL、7mL、5mL），合并萃取液，用无水硫酸镁干燥。用水浴加热先蒸去乙醚[4]，再换成空气冷凝管蒸馏[4]（图 11-18），收集 169～172℃馏分，即得呋喃甲醇。

3. 呋喃甲酸的提取

乙醚萃取过的水溶液，用浓盐酸酸化至 pH＝3，待结晶全部析出，抽滤，用少许水洗涤，干燥，得呋喃甲酸。

【注意事项】

[1] 呋喃甲醛易被空气氧化，使用前应重新蒸馏。

[2] 反应在两相间进行，必须充分搅拌。

[3] 如果反应温度低于 8℃，则反应太慢；如果高于 12℃，则反应温度极易上升，难以控制，反应物会变成深红色。

[4] 蒸馏时要先采用低沸点液体蒸馏装置蒸掉乙醚，当温度升高到 140℃时换用空气冷凝管再蒸馏（装置见图 11-18）。

【思考题】

1. 本实验的关键是什么？

2. 为什么反应时要充分搅拌？

实验 27　己二酸的制备

Preparation of adipic acid

一、实验目的

1. 学习用环己醇氧化制备己二酸的原理和方法。
2. 掌握滴加、控温、尾气吸收、重结晶等操作技能。

二、实验原理

环己醇先氧化生成酮,在强氧化剂硝酸的作用下,继续氧化,碳环断裂,生成含相同碳原子数的二元羧酸。

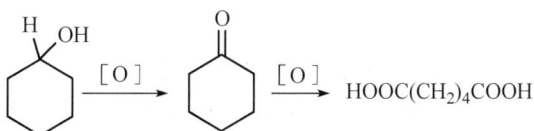

本实验以偏钒酸铵为催化剂,硝酸为氧化剂,反应式为

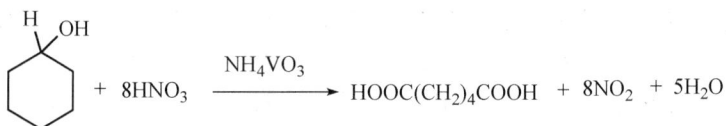

三、主要试剂

环己醇;偏钒酸铵;50%硝酸溶液;5%氢氧化钠溶液。

四、实验装置

己二酸制备的主要装置如图 11-19 所示。

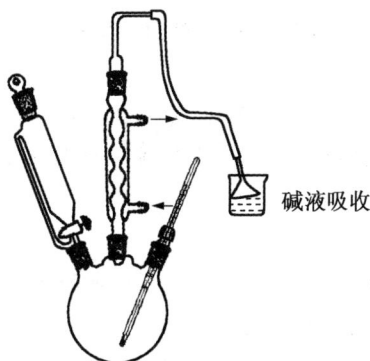

碱液吸收

图 11-19　回流滴加控温尾气吸收装置

五、实验步骤

1. 加料

在100mL三口烧瓶中加入6mL 50％硝酸和偏钒酸铵约0.01g,恒压滴液漏斗中加入2mL(0.02mol)环己醇[1],按图11-19所示安装好装置,用5％氢氧化钠溶液吸收生成的尾气[2]。

2. 反应

先用水浴加热至80℃,移去热源,滴入5～6滴环己醇,充分摇荡至反应发生,产生红棕色NO_2气体。滴加剩余的环己醇[3],控制滴加速度,维持温度在85～90℃,不时摇动。滴完后,在85～90℃加热回流至无红棕色气体产生,反应结束[4]。

3. 产品后处理

趁热将反应液倒入小烧杯,冰水浴冷却结晶后,抽滤,用少量冰水洗涤两三次[5]。

4. 产品精制

用水作为溶剂进行重结晶[6],抽滤,干燥,称量产品。

(己二酸在100mL水中的溶解度为:1.44g(15℃);3.08g(34℃);94.8g(80℃);100g(100℃)。)

【注意事项】

[1] ① 量硝酸的量筒和量环己醇的量筒必须分开,否则会在量筒中发生剧烈的反应,易出事故。② 偏钒酸铵为催化剂,不可多加,否则会令产品发黄。

[2] 碱液不能浸没整个漏斗,应使漏斗一端浸入液面,另一端露出液面,以免发生倒吸。

[3] 判断环己醇的滴加速度是否适当的标准是始终保持适当的沸腾,温度控制在85～90℃,处于经常的回流状态(在滴加时一般不用电炉加热,因本身是放热反应);出现过于剧烈的回流时,可用冰水浴冷却。环己醇不可一次大量加入,否则反应太激烈,可能引起爆炸。

[4] 反应结束的标志为没有红棕色气体再产生。

[5] 抽滤洗涤时,先关泵,充分浸泡后再抽滤,尽量用少量冰水来洗,因己二酸在水中有较大的溶解度。

[6] 可以几组合作做重结晶。根据溶解度算出溶剂量,再多加20％。如果无太深的颜色,可直接加热溶解后,直接冷却结晶,然后再抽滤即可;若颜色很深,必须加活性炭脱色。

【思考题】

1. 做本实验时,为什么必须严格控制环己醇的滴加速度和反应物的温度?

2. 本实验为什么最好在通风橱中进行?

实验 28　肉桂酸的制备
Preparation of cinnamic acid

一、实验目的

1. 了解肉桂酸的制备原理及方法。
2. 掌握水蒸气蒸馏的原理、应用及操作方法。

二、实验原理

芳香醛与酸酐的缩合反应叫珀金(Perkin)反应,催化剂一般为与酸酐对应的羧酸钠盐或钾盐。用无水碳酸钾代替醋酸钾,可缩短反应时间,产率也有所提高。反应式如下:

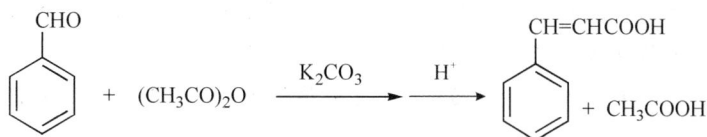

三、主要试剂

苯甲醛;乙酸酐;无水碳酸钾;10%氢氧化钠溶液;浓盐酸。

四、实验装置

肉桂酸制备的主要装置如图 11-20 和图 11-21 所示。

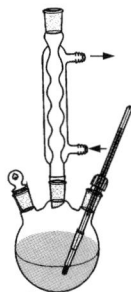

图 11-20　回流控温装置　　　　图 11-21　水蒸气蒸馏装置

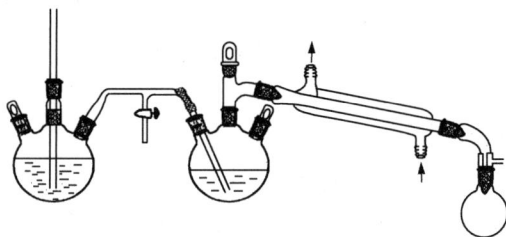

五、实验步骤

1. 加料

在干燥的 100mL 三口烧瓶中依次加入 1.5mL(0.015mol)新蒸馏苯甲醛和 4mL (0.036mol)新蒸馏乙酸酐[1]、2.2g(0.016mol)研细的无水碳酸钾[2],将混合物稍振荡,按图 11-20 所示安装好反应装置。

2. 反应

小火加热,控制温度在 160~170℃回流反应 0.5h[3],其间安装好水蒸气蒸馏装置(图 11-21)。

119

3. 除去苯甲醛

反应液稍冷却后,加入约 10mL 热水,把三口烧瓶安装到水蒸气蒸馏装置中,用水蒸气蒸出未反应的苯甲醛,直至馏出液由浑浊变澄清为止。

4. 粗产品分离

稍冷,往三口烧瓶中加入 10mL 10% 氢氧化钠溶液,摇动使其中固体尽量溶解。抽滤,将滤液转入 100mL 小烧杯中,在搅拌下用浓盐酸酸化至刚果红试纸变蓝[4]。用冰水浴冷却后,抽滤,用少量冰水洗涤沉淀[5],抽干,得粗产品。

5. 产品精制

粗产品可用水—乙醇(5:1)作溶剂进行重结晶。

【注意事项】

[1] 珀金反应所用仪器必须彻底干燥(包括称取苯甲醛和乙酸酐的量筒)。

[2] 可以用无水碳酸钾和无水醋酸钾作为缩合剂,但是不能用无水碳酸钠。

[3] 回流时加热强度不能太大,否则会把乙酸酐蒸出。

[4] 进行酸化时要慢慢加入浓盐酸,一定不要加入太快,以免产品冲出烧杯造成产品损失。

[5] 肉桂酸要结晶彻底,不能用太多水洗涤产品。

【思考题】

1. 本实验所用试剂和仪器为什么要干燥?

2. 本实验用水蒸气蒸馏除去什么? 可否直接蒸馏?

3. 具有何种结构的醛能进行珀金反应?

实验 29　乙酸乙酯的制备

Preparation of ethyl acetate

一、实验目的

1. 了解有机酸合成酯的一般原理及方法。

2. 掌握滴加、回流、控温、蒸馏操作及分液漏斗的使用。

二、实验原理

以冰醋酸和乙醇为原料,浓硫酸为催化剂,制备乙酸乙酯的反应式如下:

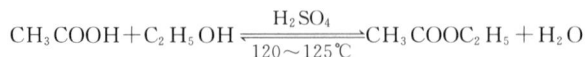

$$CH_3COOH + C_2H_5OH \xrightarrow[120\sim125℃]{H_2SO_4} CH_3COOC_2H_5 + H_2O$$

可能存在的副反应有:

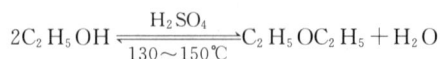

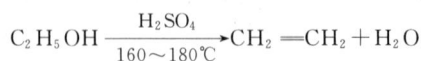

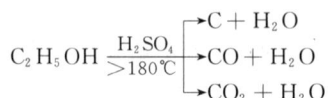

$$2C_2H_5OH \xrightarrow[130\sim150℃]{H_2SO_4} C_2H_5OC_2H_5 + H_2O$$

$$C_2H_5OH \xrightarrow[160\sim180℃]{H_2SO_4} CH_2{=}CH_2 + H_2O$$

$$C_2H_5OH \xrightarrow[>180℃]{H_2SO_4} \begin{cases} C + H_2O \\ CO + H_2O \\ CO_2 + H_2O \end{cases}$$

三、主要试剂

冰醋酸;无水乙醇;浓硫酸;饱和碳酸钠溶液;饱和氯化钠溶液;饱和氯化钙溶液;无水硫酸镁。

四、实验装置

制备乙酸乙酯的主要装置如图 11-22 和图 11-23 所示。

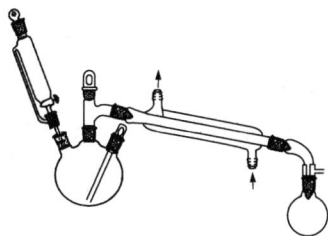

图 11-22　滴加控温蒸馏装置　　　　　　　图 11-23　简单蒸馏装置

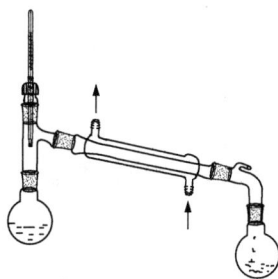

五、实验步骤

1. 加料

在 100mL 三口烧瓶中加入 6mL 95％乙醇(0.126mol),分次加入 3mL 浓硫酸[1],不断摇动,使其混合均匀,再加几粒沸石。恒压滴液漏斗中加入 6mL 95％乙醇(0.126mol)及 6mL(0.1mol)冰醋酸混合液。按图 11-22 所示安装好反应装置。

2. 反应

先从滴液漏斗中滴加 3～4mL 混合液,然后慢慢加热,使反应液温度升至 120～125℃,把反应温度前蒸出的液体倒回滴液漏斗。开始滴加混合液,控制滴加速度与蒸出速度大致相等[2],并维持反应温度在 120～125℃。滴加完毕,继续加热,直到不再有液体蒸出为止。

3. 粗产品分离

往馏出液中慢慢滴加饱和碳酸钠溶液,并不断振荡,至不再有 CO_2 气体产生为止[3]。然后将混合液转入分液漏斗,静置后分去下层水溶液,留上层有机层。接着将有机层依次用 5mL 饱和氯化钠溶液、5mL 饱和氯化钙溶液和 5mL 水洗涤[4]。最后将有机层倒入干燥的三角烧瓶中,用无水硫酸镁干燥,加塞,放置约 0.5h,并间歇振荡。

4. 产品精制

小心将液体转入干燥的 50mL 蒸馏烧瓶中[5],加入少许沸石,由图 11-23 所示装置蒸馏,收集 72～78℃馏分。称量,计算产率。

【注意事项】

[1] 在加浓硫酸时,应分批加,边加边摇,使其均匀(或用水冷却烧瓶),防止局部受热而导致乙醇挥发或炭化。

[2] 开始加热火力不能太猛,滴加过程尽可能使蒸出速度与滴加速度相等,并注意温度应控制在 120～125℃。

　　[3] 若产生气体不明显,可用紫色石蕊试纸,加至混合液不显酸性为止。

　　[4] 最后一次水洗后,一定要将水层彻底分去,否则下一步要多加干燥剂,过多干燥剂会因吸附较多产物而造成损失。

　　[5] 产品精制时,不要将干燥剂固体转入蒸馏烧瓶中。

【思考题】

　　1. 酯化反应有什么特点? 在实验中如何创造条件促使酯化反应尽量向生成物方向进行?

　　2. 本实验中硫酸起什么作用?

　　3. 实验若采用醋酸过量的做法是否合适? 为什么?

　　4. 蒸出的粗乙酸乙酯中主要有哪些杂质? 如何除去?

　　5. 洗涤时,能否用浓氢氧化钠溶液代替饱和碳酸钠溶液? 能否用水来代替饱和氯化钠溶液?

实验 30　乙酰水杨酸的制备
Preparation of acetyl salicylic acid

一、实验目的

　　1. 学习用乙酸酐和水杨酸在酸催化下制备乙酰水杨酸的原理和方法。

　　2. 巩固回流、重结晶、抽滤等基本操作。

二、实验原理

　　以水杨酸和乙酸酐为原料,在浓硫酸催化下制备乙酰水杨酸。反应式如下:

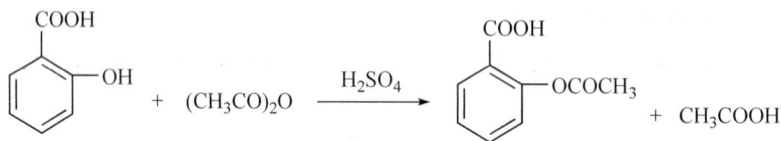

　　可能发生的副反应为

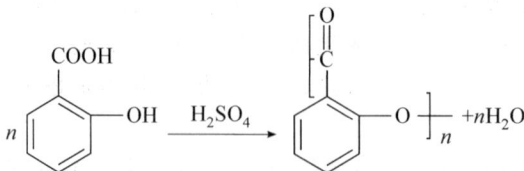

　　乙酰水杨酸(阿司匹林)是一种非常普通的治疗感冒的药物,有退热、止痛、消炎和抗风湿及软化血管等作用。

三、主要试剂

　　水杨酸;乙酸酐;浓硫酸;饱和碳酸氢钠溶液;浓盐酸;1%氯化铁溶液。

四、实验装置

乙酰水杨酸制备的主要装置如图 11-24 所示。

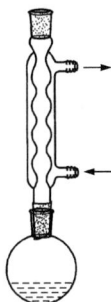

图 11-24　简单回流装置

五、实验步骤

1. 加料

在 100mL 圆底烧瓶中加入 2g(0.014mol)水杨酸、5mL(0.053mol)新蒸馏的乙酸酐[1]和 6 滴浓硫酸,小心混匀,使水杨酸全部溶解。按图 11-24 所示组装反应装置。

2. 反应

用 75～80℃的水浴加热 10～15min[2]。

3. 粗产品分离

取出反应瓶,在摇动下加入 50mL 冷水,并在冰水浴中冷却,使乙酰水杨酸晶体全部析出[3]。若不析出晶体或有油状物,可用玻璃棒摩擦瓶壁或摇动烧瓶。抽滤,用滤液洗涤烧瓶至所有晶体收集于布氏漏斗中。然后用少量的冰水洗涤几次,抽干。

4. 粗产品净化

将粗产品转移至 150mL 烧杯中,在搅拌下加入 25mL 饱和碳酸氢钠溶液[4],继续搅拌至无二氧化碳气泡产生。抽滤,用 10mL 水洗涤滤饼一次,将滤液转入烧杯中,边搅拌边慢慢加入浓盐酸至 pH=1～2,即有乙酰水杨酸沉淀析出。用冰水冷却,使结晶完全,抽滤,滤饼用少量冷水洗涤 2～3 次,抽干得乙酰水杨酸。将晶体转移到表面皿中,干燥后称量,计算产率。

5. 产品杂质的检验

取几粒晶体于试管中,加少量水溶解,滴加 1～2 滴 1% 氯化铁溶液,观察有无颜色变化[5]。

6. 产品精制

用 95% 乙醇—水(体积比 1∶1)为溶剂进行重结晶。

【注意事项】

[1] 仪器要全部干燥,药品也要经干燥处理,乙酸酐要使用新蒸馏的,收集 139～140℃的馏分。

[2] 水浴温度过低,则反应不充分;过高,则有较多的副产品生成。

[3] 放在冰水浴中时间不要太短,应等结晶全部析出为止。

123

[4] 乙酰水杨酸能与碳酸氢钠反应生成水溶性的钠盐,而副产品聚合物不能溶于碳酸氢钠溶液,这种性质上的差别可用于乙酰水杨酸的纯化。

[5] 最终产品中的杂质是水杨酸,这是由于乙酰化反应不完全或由于产品在分离提纯过程中发生水解造成的。

【思考题】

1. 在水杨酸与乙酸酐的反应中,浓硫酸的作用是什么?写出水杨酸形成分子内氢键的结构式。

2. 若在硫酸的存在下水杨酸与乙醇作用`,将得到什么产物?写出反应方程式。

3. 本实验中可产生什么副产物?

4. 通过什么样的简便方法可以鉴定出阿司匹林是否变质?

实验31　邻苯二甲酸二丁酯的制备
Preparation of dibutyl phthalate

一、实验目的

1. 学习邻苯二甲酸二丁酯的制备原理和方法。
2. 掌握减压蒸馏操作技能和分水器的使用方法。

二、实验原理

以邻苯二甲酸酐和正丁醇为原料制备邻苯二甲酸二丁酯。反应式如下:

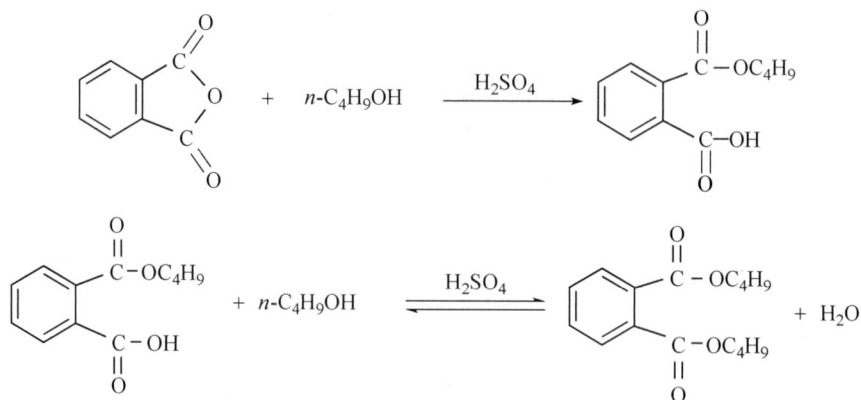

第一步反应进行得快而完全,第二步反应是可逆的,为了使第二步反应向右进行,利用分水器将反应过程生成的水不断移出反应体系。

三、主要试剂

邻苯二甲酸酐;正丁醇;浓硫酸;饱和氯化钠溶液;5%碳酸钠溶液;无水硫酸镁。

四、实验装置

邻苯二甲酸二丁酯制备的主要装置如图 11-25 和图 11-26 所示。

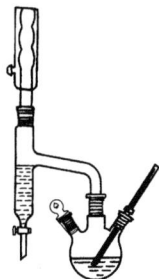
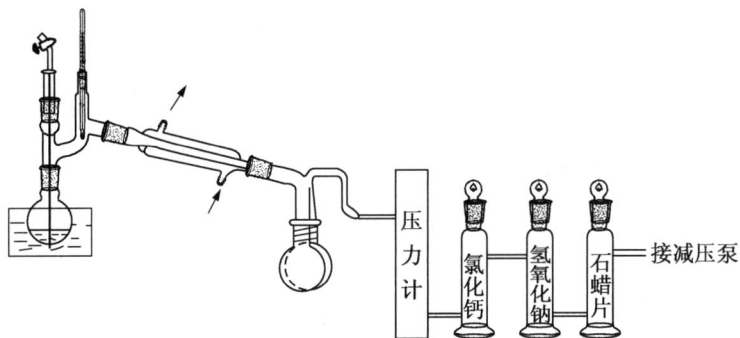

图 11-25　回流分水控温装置　　　　　　　　图 11-26　减压蒸馏装置

五、实验步骤

1. 加料

在 100mL 三口烧瓶中依次加入 1.5g(0.01mol)邻苯二甲酸酐、3.3mL(0.036mol)正丁醇、2 滴浓硫酸,按图 11-25 所示搭好装置,分水器中放入计算好的水。

2. 反应

用小火加热,使瓶内液体微沸,开始回流,分水器中液面升高,上层有机物返回三口烧瓶中。当分水器中已全部被水充满时,表示反应完成[1],约需 2h。

3. 粗产品净化

反应液冷却至 70℃ 以下,移入分液漏斗中,用 20～30mL 5％碳酸钠溶液中和[2]。用 20～30mL 温热饱和氯化钠溶液洗涤两三次,直到呈中性。最后有机层用无水硫酸镁干燥。

4. 产品精制

干燥的有机层先用常压蒸馏除去正丁醇,然后用减压蒸馏(图 11-26),收集 180～190℃/133Pa(10mmHg)的馏分,称重,计算产率。

【注意事项】

[1] 当反应温度升到 140℃ 时便可停止反应,因为当温度超过 180℃ 时会发生分解反应。

[2] 中和温度应小于 70℃,碱浓度不宜过高,否则易引起皂化反应。

【思考题】

1. 浓硫酸为催化剂,正丁醇在加热条件下有哪些反应?

2. 用温热的饱和氯化钠溶液洗涤的目的是什么?

实验 32　乙酰乙酸乙酯的制备

Preparation of ethyl acetoacetate

一、实验目的

1. 了解乙酰乙酸乙酯的制备原理和方法。
2. 巩固无水操作及减压蒸馏等操作方法。

二、实验原理

含有 α-氢的酯在碱性催化剂存在下,能与另一分子的酯发生克莱森(Claisen)酯缩合反应,生成 β-酮酸酯。乙酰乙酸乙酯是利用无水乙酸乙酯在乙醇钠催化下通过克莱森反应来制备的。反应式如下:

$$2CH_3COOC_2H_5 \xrightarrow{C_2H_5ONa} CH_3COCH_2COOC_2H_5 + C_2H_5OH$$

因分析纯乙酸乙酯中含有少量的乙醇,所以本实验以乙酸乙酯和金属钠为原料来制备。而金属钠极易与水反应,放出氢气并产生大量的热,易导致燃烧和爆炸,故反应所用仪器必须是干燥的,试剂必须是无水的。

三、主要试剂

乙酸乙酯;金属钠;二甲苯;50％醋酸溶液;饱和氯化钠溶液;无水硫酸钠。

四、实验装置

乙酰乙酸乙酸制备的主要装置如图 11-27 所示。

图 11-27　回流干燥装置

五、实验步骤

1. 熔钠和摇钠[1]

在干燥的 50mL 圆底烧瓶中加入 0.9g(0.039mol)金属钠和 5mL 二甲苯,按图 11-27 所示安装装置,大火加热,使钠熔融。然后迅速用干燥抹布包住圆底烧瓶,将其取下,用橡皮塞塞紧烧瓶,用力振摇 1～2min,得细粒状钠珠[2]。

2. 缩合

小心转动烧瓶,将壁上的钠珠转入瓶底,然后将二甲苯小心倾倒到二甲苯回收瓶中[3](切勿倒入水槽或废物缸,以免着火)。迅速向瓶中加入 10mL(0.138mol)乙酸乙酯,按图 11-27 所示安装装置,反应随即开始,并有气泡逸出。保持微沸状态[4],直至所有金属钠全部作用完为止,反应约需 2h[5]。

3. 酸化

待反应物稍冷后,边摇边滴加 50％醋酸溶液,直到反应液呈弱酸性(约 6mL)[6],此时,所有的固体物质均已溶解。

4. 盐析和干燥

将溶液转移到分液漏斗中,加入等体积的饱和氯化钠溶液,用力振摇片刻。静置后,

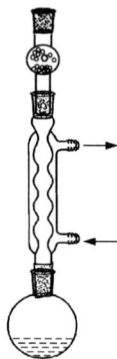

分去下层水层,将上层粗产品转入锥形瓶中。用无水硫酸钠干燥后,再将液体转入干燥的蒸馏瓶,并用少量乙酸乙酯洗涤干燥剂,一并转入蒸馏瓶中。

5. 蒸馏和减压蒸馏

先在沸水浴上蒸去未作用的乙酸乙酯(如图 11-12 所示),然后剩余液用减压蒸馏装置(图 11-26)进行减压蒸馏[7],收集 54～55℃/931Pa(7mmHg)的馏分。

【注意事项】

[1] 金属钠遇水即燃烧、爆炸,因此使用时应严防与水接触。在称量切块时要快。金属钠所接触到的实验仪器及试剂都须干燥,在加试剂时也要防止空气和水进入。

[2] 在钠珠的制作过程中一定不能停,且要来回振摇,不要转动;如果过早停止振摇,会黏结成蜂窝状或凝聚成块。

[3] 倾出的二甲苯混有细小的钠珠,要倒入回收瓶,不能倒入水槽,以免发生危险。

[4] 如果反应很慢,可稍加热升温,维持微沸状态,不可暴沸。

[5] 反应时间与钠珠的粗细有关,钠珠越细,反应越快,所需时间越短。

[6] 醋酸不可多加,至 pH 值为 5～6 即可,若还有少量固体未溶解,可连同液体一起转入分液漏斗,加饱和食盐水后自会溶解。否则,过量的醋酸会增加酯在水层中的溶解度而降低产率,且酸度过高会增加副产物去水乙酸的生成。

[7] 减压蒸馏时要慢,注意温度计及测压计的读数,小火加热。

乙酰乙酸乙酯的沸点与压力的关系如下:

压力/mmHg	8	12.5	14	18	29	55	80
沸点/℃	66	71	74	79	88	94	100

【思考题】

1. 克莱森酯缩合反应中的催化剂是什么? 本实验为什么可以用金属钠代替?

2. 加入 50% 醋酸溶液的目的是什么?

3. 加饱和氯化钠溶液有何作用?

4. 产品中滴加三氯化铁溶液,有什么现象? 为什么?

5. 为什么要进行减压蒸馏而不是常压蒸馏?

实验 33 乙酰苯胺的制备

Preparation of acetanilide

一、实验目的

1. 掌握苯胺乙酰化反应的原理和实验操作。

2. 进一步熟悉重结晶法提纯固体有机物的方法。

二、实验原理

乙酰苯胺可通过苯胺与冰醋酸、乙酸酐或乙酰氯等试剂反应而制备。其中,苯胺与乙酰氯反应最激烈,乙酸酐次之,冰醋酸最慢,但冰醋酸价格便宜,操作方便。本实验采用冰

醋酸作酰化剂。反应式为

$$\text{C}_6\text{H}_5-\text{NH}_2 + CH_3COOH \rightleftharpoons CH_3CONH-C_6H_5 + H_2O$$

该反应为可逆反应,为了提高乙酰苯胺的产率,加入过量的醋酸,同时用分馏柱把反应过程中生成的水蒸出。

酰胺对氧化剂比较稳定,邻对位定位活性较氨基低,遇酸或碱催化很容易水解为氨基,所以在有机合成上常先将氨基转化成酰胺,作为保护氨基的手段。

三、主要试剂

苯胺;冰醋酸;锌粉;活性炭。

四、实验装置

乙酰苯胺的制备装置如图 11-28 所示。

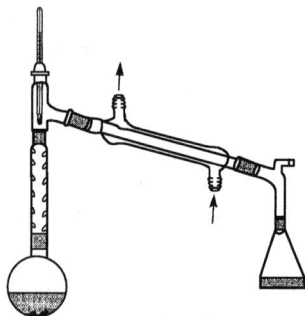

图 11-28　乙酰苯胺制备装置

五、实验步骤

1. 加料及组装反应装置

在 100mL 圆底烧瓶中加入 5mL(0.055mol)苯胺[1]、7.4mL(0.13mol)冰醋酸和0.1g 锌粉[2],按图 11-28 所示安装好装置。

2. 加热反应

用电热套缓缓加热至沸腾,调整火力保持柱顶温度在 105℃ 左右,反应 40～60min。当温度计示数上下波动,烧瓶中出现白雾时,表示反应已结束,停止加热[3]。

3. 粗产品分离

趁热将反应混合物倒入盛有 100mL 水的烧杯中,搅拌[4],冷却后有固体析出。减压过滤,滤饼用 10mL 冰水洗涤,抽干,得粗产品。

4. 产品提纯

将粗产品放入盛有 150mL 热水的烧杯中,加热至沸,补加水加热至油珠完全溶解[5]。稍冷,加 1g 活性炭,再煮沸 3min,趁热过滤。将滤液转移至干净的小烧杯中,自然冷却,析出晶体。然后于冰水浴中冷却,抽滤,得无色片状乙酰苯胺晶体,干燥后,称重,计算产率。

【注意事项】

[1] 久置的苯胺色深,有杂质,会影响乙酰苯胺的质量,最好用新蒸的无色或浅黄色苯胺。

[2] 加入锌粉目的是防止苯胺在反应过程中被氧化,生成有色的杂质。

[3] 收集醋酸和水的总体积为 2～3mL。

[4] 为防止冷却的固体产物粘在瓶壁上,故应趁热边搅拌边倒入冷水中,并能除去过量的醋酸和未反应的苯胺。

[5] 油珠是熔融状态下含水乙酰苯胺。用水量需控制好,以沸腾时油珠刚好完全溶解为宜。

【思考题】

1. 反应时为什么要控制分馏柱顶端的温度在 105℃?

2. 理论上反应可产生多少水?为什么实际收集的液体量比理论要多得多?

3. 用苯胺为原料进行苯环上的某些取代反应时,为什么常常先要进行酰基化反应?

4. 本实验采用了哪些措施来提高乙酰苯胺的产率?

实验 34　对氨基苯磺酸的制备

Preparation of sulfanilic acid

一、实验目的

1. 通过对氨基苯磺酸的制备,掌握高温磺化操作。

2. 巩固重结晶等操作。

二、实验原理

对氨基苯磺酸是制备甲基橙的中间体,也是重要的染料中间体。本反应不是通过直接磺化反应来制备对氨基苯磺酸,而是通过苯胺硫酸盐脱水后在高温下重排得到,反应条件简单,收率较高,是工业上主要的生产路线。反应式如下:

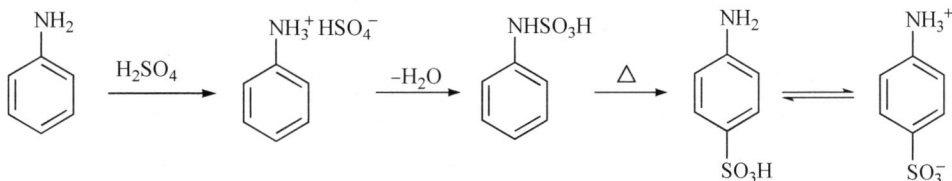

三、主要试剂

苯胺;浓硫酸;活性炭。

四、实验装置

对氨基苯磺酸制备的主要装置如图 11-29 所示。

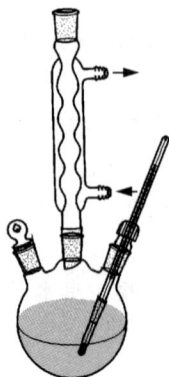

图 11-29　回流控温装置

五、实验步骤

1. 加料及反应

在 100mL 三口烧瓶中加入 3.6mL(0.04mol)苯胺,置于冷水中冷却,在通风橱中,边摇边逐滴加入 6.6mL(0.12mol)浓硫酸[1]。按图 11-29 所示安装装置,加热反应,维持反应温度 170～180℃[2],回流1～1.5h。

2. 粗产品分离

趁热将反应液倒入盛有 36mL 冰水的烧杯中,并不断搅拌,外部用冰水浴冷却结晶,抽滤得粗产品。

3. 产品精制

用 60mL 水、小半匙活性炭进行重结晶提纯[3]。

【注意事项】

[1] 加浓硫酸时,开始要慢加,且用冰水浴冷却,塞住三口烧瓶的其他两个口,在通风的条件下操作,以免温度过高逸出有毒苯胺。

[2] 温度控制在 170～180℃,超过 190℃易炭化而生成黑色黏稠的物质。

[3] 结晶时要充分冷却,可向冷滤液中适当加冰块促进结晶析出。

【思考题】

1. 对氨基苯磺酸较易溶于水,而难溶于苯及乙醚,试解释原因。

2. 为什么要在通风、冷水冷却、边加边摇动的条件下逐滴加入浓硫酸?

3. 若在苯胺和硫酸成盐后,加入发烟硫酸在室温下磺化,会得到什么产物?

4. 反应完成后为什么要趁热倒出?

5. 重结晶时加活性炭的目的是什么?若不加,产物可能会如何?

实验 35　甲基橙的制备

Preparation of methyl orange

一、实验目的

1. 熟悉重氮化反应和偶联反应的原理。
2. 掌握甲基橙的制备方法。

二、实验原理

甲基橙是一种酸碱指示剂,pH 值变色范围为 3.1～4.4。它是由对氨基苯磺酸重氮盐与 N,N-二甲基苯胺的醋酸盐,在弱酸性介质中偶联得到的。偶联首先生成嫩红色的酸式甲基橙(酸性黄),在碱性条件下,酸性黄转变为橙黄色的钠盐(甲基橙)。反应式如下:

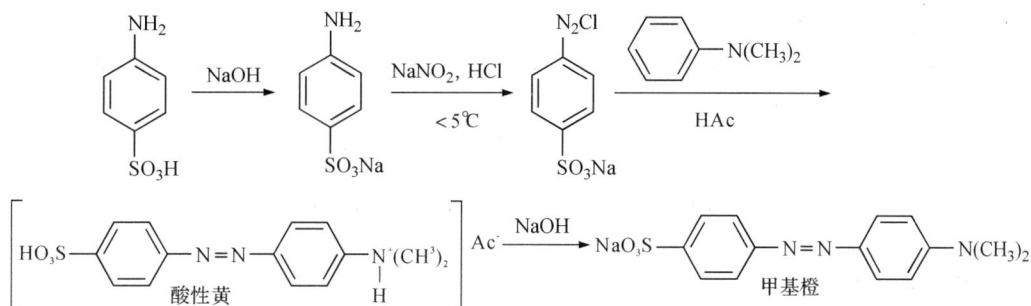

三、主要试剂

对氨基苯磺酸;5％氢氧化钠溶液;1％氢氧化钠溶液;亚硝酸钠;浓盐酸;冰醋酸;N,N-二甲基苯胺;乙醇;乙醚;淀粉—碘化钾试纸。

四、实验装置

烧杯;试管;温度计;布氏漏斗;抽滤瓶;表面皿。

五、实验步骤

1. 重氮盐制备

在 50mL 烧杯中,将 1g(5.8mol)对氨基苯磺酸溶于 5mL 5％氢氧化钠溶液中,用冰盐浴冷却至5℃以下。另取 0.4g(5.8mol)亚硝酸钠于一试管中,加 3mL 水溶解后加入烧杯中。维持温度(<5℃)[1],边搅拌边慢慢滴入 5mL 水稀释的 1.5mL 浓盐酸,直到淀粉—碘化钾试纸显蓝色为止[2]。继续在冰盐浴中放置 15min,使之反应完全,有白色细小晶体析出。

2. 偶联反应

往试管中加入 0.7mL(5.5mol) N,N-二甲基苯胺和 0.5mL 冰醋酸,混匀。边搅拌边将其缓慢加到上述冷却的重氮盐溶液中,加毕,继续搅拌 10min。然后慢慢加入 5％氢氧化钠溶液,直至反应液变为橙色。将反应物置沸水浴中加热 5min,冷却到室温后,再用冰盐浴冷却,析出晶体。抽滤,用少量水,抽干后得粗产品。

3. 产品提纯

粗产品以1％氢氧化钠溶液为溶剂进行重结晶[3]，抽滤，依次用少量水、乙醇和乙醚洗涤[4]，抽干，得片状结晶，干燥后称重，并计算产率。

【注意事项】

［1］重氮化过程中，应严格控制温度，反应温度应低于5℃。

［2］若试纸不显蓝色，需补加亚硝酸钠溶液。

［3］每克粗产物约需20mL 1％氢氧化钠溶液，温度控制在60℃内。温度如果过高，则产物颜色变深而变质。

［4］用乙醇和乙醚洗涤的目的是使其迅速干燥。

【思考题】

1. 在重氮盐制备前为什么还要加入氢氧化钠？如果直接将对氨基苯磺酸与盐酸混合后，再加入亚硝酸钠溶液进行重氮化操作行吗？为什么？

2. 制备重氮盐为什么要维持0～5℃的低温？

3. 重氮化为什么要在强酸条件下进行？偶联反应为什么要在弱酸条件下进行？

实验36　8-羟基喹啉的制备
Preparation of 8-hydroxyl quinoline

一、实验目的

1. 学习合成8-羟基喹啉的原理和方法。
2. 巩固回流和水蒸气蒸馏等基本操作。

二、实验原理

斯克洛浦(Skraup)反应是合成杂环化合物喹啉及其衍生物最重要的方法。它是用苯胺、无水甘油、浓硫酸及弱氧化剂硝基化合物等一起加热而生成的。浓硫酸的作用是使甘油脱水成丙烯醛，并使苯胺与丙烯醛的加成物脱水成环。硝基化合物则是将1,2-二氢喹啉氧化成喹啉，其本身被还原成芳胺，也可以参加缩合。反应中所用的硝基化合物要与芳胺的结构相对应，否则会导致产生混合物。8-羟基喹啉形成的过程如下：

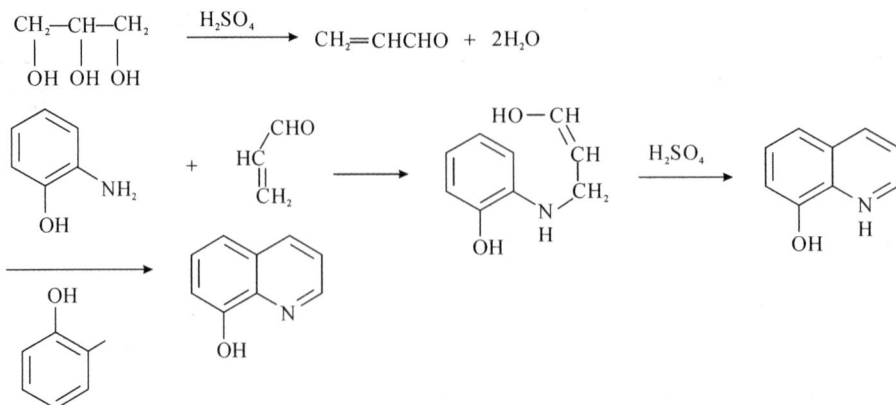

三、主要试剂

邻-硝基苯酚;邻-氨基苯酚;无水甘油;浓硫酸;1∶1(质量比)氢氧化钠溶液;饱和碳酸钠溶液;乙醇。

四、实验装置

8-羟基喹啉制备的主要装置如图 11-30 和图 11-31 所示。

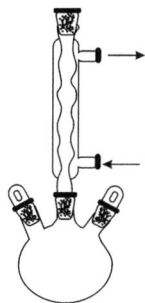

图 11-30　简单回流装置　　　　　　　　图 11-31　水蒸气蒸馏装置

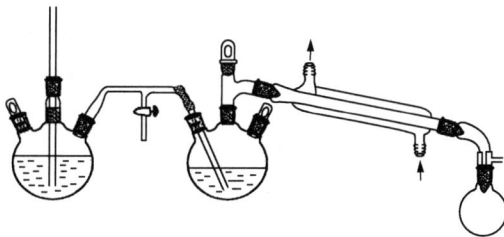

五、实验步骤

1. 加料

在 100mL 干燥三口烧瓶[1]中加 1.8g(0.013mol)邻硝基苯酚、2.8g(0.025mol)邻-氨基苯酚、7.5mL(0.1mol)无水甘油[2],剧烈振荡,使之混匀。在不断振荡下慢慢滴入 4.5mL浓硫酸,并用水冷却。

2. 反应

安装好装置(图 11-30),用小火加热,溶液微沸,即移开火源[3]。待反应缓和后,继续小火加热,保持反应液微沸,反应 1h。

3. 产品后处理

冷却后加入 15mL 水,按图 11-31 所示进行水蒸气蒸馏,蒸去未反应的邻硝基苯酚,直至馏分由浅黄色变无色为止。待瓶内液体冷却后,慢慢加入 7mL 1∶1(质量比)氢氧化钠溶液,于冰水中冷却。摇匀后,再小心滴入约 5mL 饱和碳酸钠溶液,使混合液的 pH 值为 7~8[4]。再进行水蒸气蒸馏[5],蒸出 8-羟基喹啉。

4. 粗产品分离

将馏出液放入冰水中充分冷却结晶,然后抽滤,洗涤,干燥,得粗产品(约 3g)。

5. 产品精制

粗产品用 25mL 乙醇—水(4∶1,体积比)混合溶剂进行重结晶[6]。

【注意事项】

[1] 所用仪器必须先干燥。

[2] 所用甘油含水量不超过 0.5%($d_4^{20}=1.26$)。如果甘油含水量较大,则喹啉的产量不高,可将其加热到 180℃,冷却至 100℃ 左右放入盛有浓硫酸的干燥器中备用。

[3] 此反应为放热反应,溶液呈微沸时,表示反应已经开始,若继续加热,则因反应过

于激烈,会导致反应液冲出。

[4] 8-羟基喹啉既溶于碱又溶于酸而成盐,且成盐后不能被水蒸气蒸馏出来,为此必须小心中和,严格控制 pH 值在 7～8,当中和恰当时,瓶内析出的 8-羟基喹啉沉淀最多。

[5] 为了防止 8-羟基喹啉在冷凝管中提前析出,此处冷凝管不通冷凝水,或去掉冷凝管,接引管直接与蒸馏头出口联接。

[6] 由于 8-羟基喹啉难溶于冷水,向滤液中慢慢滴入去离子水,即有 8-羟基喹啉晶体不断析出。

【思考题】

1. 为什么第一次水蒸气蒸馏要在酸性条件下进行,第二次却要在中性条件下进行?

2. 在斯克洛浦反应中,如果以对甲基苯胺为原料,会得到什么产物?硝基化合物应如何选择?

3. 反应时浓硫酸起什么作用?

4. 反应开始时用小火加热,为什么在微沸时要移开火源?

5. 在第二次水蒸气蒸馏后,若烧瓶中的 pH 值呈酸性,应怎么处理?

实验 37　微波法合成 2-甲基苯并咪唑[1]

Microwave-assisted preparation of 2-methylbenzimidazole

一、实验目的

1. 学习微波辐射合成 2-甲基苯并咪唑的原理和方法。
2. 掌握微波加热的基本操作技能。

二、实验原理

苯并咪唑类化合物是由邻苯二胺和羧酸为原料,通过加热回流反应而得到的。将微波加热技术应用于该缩合反应,反应速率比传统反应提高 4～10 倍,产率也有较大的提高。其反应式为

三、主要试剂

邻苯二胺;乙酸;10% 氢氧化钠溶液。

四、实验装置

微波反应仪;圆底烧瓶;回流冷凝管[2]。

五、实验步骤

1. 加料及组装反应装置

在 50mL 圆底烧瓶中加入 1.0g(0.009mol)邻苯二胺和 1mL(0.017mol)乙酸,充分振

荡,混合均匀。

2. 微波辐射

将烧瓶置于微波炉中,安装回流装置,设定微波反应仪的辐射功率为126W[3],微波辐射8min。反应完毕得到淡黄色黏稠液。

3. 粗产品分离

冷却至室温,用10％氢氧化钠溶液调节至碱性[4],有大量沉淀析出,用冰水冷却使沉淀完全析出,抽滤。

4. 产品精制

粗产品用水作溶剂进行重结晶,干燥后称重,并计算产率。

【注意事项】

[1] 本实验摘自:李霁良. 微型半微型有机化学实验[M]. 北京:高等教育出版社,2003.

[2] 本实验所用的玻璃仪器为微波反应专用仪器,普通标准口玻璃仪器不能用于微波反应实验。

[3] 辐射功率不宜过高,一般以126W为宜,反应时间以6～8min为佳。

[4] 反应液的碱性不宜过强,一般调节至pH值为8～9。

【思考题】

1. 制备2-甲基苯并咪唑的温度为什么不宜过高?

2. 微波加热合成有机化合物的优点有哪些?

实验38　从茶叶中提取咖啡因

Extraction of caffeine from tea

一、实验目的

1. 了解从天然产物中获取有机化合物的方法。

2. 掌握用升华法提纯有机物的操作技术。

二、实验原理

本实验用乙醇作溶剂从茶叶中提取咖啡因,在索氏提取器中连续抽提后,浓缩、焙炒得粗咖啡因,最后通过升华法提纯。

索氏提取器的工作原理为:索氏提取器运用回流及虹吸现象,使固体物质每次均被纯溶剂所萃取,有很高的萃取效率。萃取前先将固体物质研细,以增加固、液接触的面积,将固体物质用滤纸包成圆柱状,置于提取器内。提取器的下端与装有溶剂的烧瓶相连,上端接冷凝管。当溶剂达到沸点后,其蒸气被冷凝管冷凝后滴入提取器中与提取物接触,当液面超过虹吸管的最高处时,即发生虹吸流回烧瓶内,同时萃取出溶于溶剂的部分物质。

三、主要试剂

茶叶;95％乙醇溶液;生石灰。

四、实验装置

从茶叶中提取咖啡因的实验装置如图 11-32 和图 11-33 所示。

图 11-32　索氏提取器　　　　图 11-33　升华装置

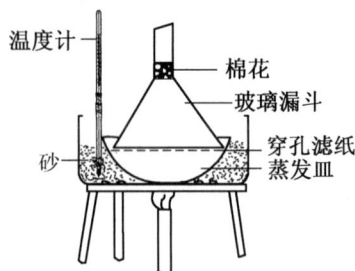

五、实验步骤

1. 加料及组装装置

称取 10g 茶叶,研细,用滤纸包好,放入索氏提取器的套筒中[1,2],烧瓶中加入 75mL 95％乙醇和几颗沸石,按图 11-32 所示组装好装置。

2. 回流萃取

用电热套或水浴加热,观察从虹吸管流出的萃取液的颜色。当萃取液颜色较浅,最后一次虹吸下去时即停止加热(连续萃取约 2h)。

3. 回收溶剂和浓缩

将索氏提取装置改为蒸馏装置,加热蒸馏加收提取液中的乙醇(约 60mL),烧瓶中的残液即为浓缩的粗咖啡因溶液。趁热将残液转入蒸发皿中,用少量的加收乙醇洗涤烧瓶 1~2 次,洗液并入蒸发皿中。加入 3g 研细的生石灰搅拌成糊状[4]。

4. 焙炒

用蒸气浴加热蒸发皿,同时不断搅拌,蒸干。然后将蒸发皿放在石棉网上,压碎块状物,小火焙炒,除尽水分。

5. 升华精制

安装升华装置(图 11-33),将滤纸罩在蒸发皿上,并在滤纸上扎一些小孔,再罩上玻璃漏斗,漏斗颈部疏松地塞一小团棉花。用砂浴小心加热升华,控制砂浴温度在 220℃左右[5]。当滤纸上出现白色毛状结晶时,暂停加热,冷却至 100℃左右。揭开漏斗和滤纸,把附在滤纸上及器皿周围的咖啡因用刮刀刮下。残渣经拌和后重新盖上漏斗,再用大火加热,至出现褐色烟雾后立刻停止加热,收集得到的咖啡因。合并两次升华得到的咖啡因。

6. 定性检验

取萃取液 2 滴或几片升华的咖啡因置于白色瓷板上,加酸性碘—碘化钾试剂,可见到红紫色。

【注意事项】

〔1〕索氏提取器的虹吸管部分极易折断,所以在安装仪器和实验过程中需特别小心。

〔2〕用滤纸包茶叶末时要严实,防止茶叶末漏出而堵塞虹吸管;滤纸包大小要合适,既能紧贴套管内壁,又能方便取放,且其高度不超出虹吸管高度。

〔3〕浓缩萃取液时不可蒸得太干,否则因残液很黏而难以转移,会造成损失。

〔4〕拌入生石灰要均匀。

〔5〕升华过程中要控制好温度。若温度太低,升华速度较慢;若温度太高,会使产物发黄(分解)。

【思考题】

1. 提取咖啡因时用到生石灰,它的作用是什么?

2. 为什么采用升华法可以得到较纯的咖啡因?

3. 从茶叶中提取咖啡因,除用乙醇溶剂外,还可用哪些溶剂萃取?

第 12 章　有机化学综合性实验

Chapter 12　Comprehensive experiments of organic chemistry

实验 39　辅酶法合成安息香

Coenzyme preparation of benzoin

一、实验目的

1. 学习安息香缩合反应的原理。
2. 掌握以维生素 B_1 为催化剂合成安息香的实验方法。
3. 学习用红外光谱表征产物结构。

二、实验原理

芳香醛在 NaCN 或 KCN 作用下,分子间发生缩合生成二苯羟乙酮(安息香)的反应,称为安息香缩合。反应式如下:

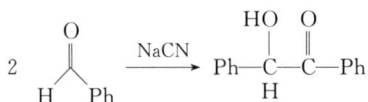

由于氰化物是剧毒品,一般用具有生物活性的辅酶维生素 B_1 代替,可能的反应机理如下:

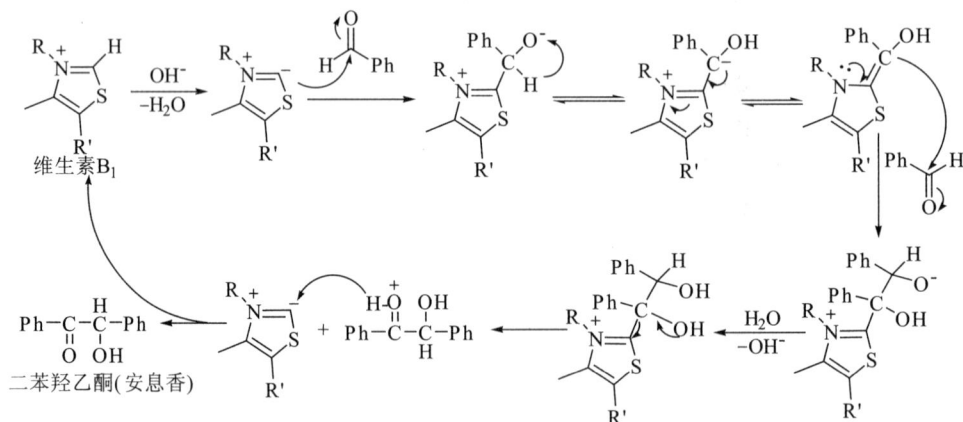

三、主要试剂

维生素 B_1;苯甲醛;10%氢氧化钠溶液;95%乙醇溶液。

四、实验装置

安息香缩合反应装置如图 12-1 所示。

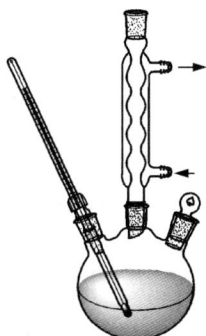

图 12-1　回流控温装置

五、实验步骤

1. 加料

在 100mL 三口烧瓶中加入 1.75g 维生素 B_1、3.5mL 蒸馏水和 15mL 95％乙醇溶液，摇匀溶解后用冰水冷却烧瓶[1]。加 5mL 10％氢氧化钠溶液于一试管中，浸入冰水冷却。然后在冰水冷却下，将冷的氢氧化钠溶液逐滴加入反应瓶中[2]，最后加入 10mL(0.1mol)新蒸的苯甲醛，充分摇匀，调节 pH 值至 9~10[3]。

2. 加热反应

去冰水浴，加沸石，安装如图 12-1 所示的装置，于 60~75℃水浴回流 60min，其间均保持 pH 值在 9~10[4]，然后将水浴温度上升到 80~90℃，继续回流 20min。

3. 粗产品分离

反应结束后，于冰水中冷却结晶，抽滤，用冷水洗涤结晶 2 次(每次 20mL)，抽干[5]。

4. 产品精制

用 95％乙醇溶液重结晶，干燥后称重，计算产率。

5. 产品表征

测产品的熔点(135~137℃)，扫红外光谱和核磁共振氢谱。

【注意事项】

[1] 维生素 B_1 在酸性条件下是稳定的，但易吸水，在水溶液中易被空气氧化而失效，另外，光及 Cu、Fe、Mn 等金属离子均可加速氧化；在氢氧化钠溶液中噻唑环易开环失效。

[2] 反应前维生素 B_1 溶液及氢氧化钠溶液必须用冷水浴冷透，否则维生素 B_1(不耐热)易开环失效。

[3] 用精密 pH 试纸测量 pH 值。过碱易使噻唑环开环，维生素 B_1 失效；而达不到一定的碱性又无法使质子离去，从而产生负碳作为反应中心，形成安息香。最好调 pH 值至 10。

[4] 每隔 20min 测一次 pH 值，调节 pH 值至 9~10。其间有产物析出，属正常现象。若在反应时间到后仍无结晶析出，可以将反应液冷却后看有无产物，若仍无产物，可以在

反应液内再加维生素 B_1,并调 pH 值至 9~10 后放至下次实验看结果。

[5] 抽滤后的母液不要弃去,可以先放置,尤其是在析出晶体少的情况下。可以再调 pH 值至9~10,甚至可以再加维生素 B_1,放置到下次实验再抽滤。

【思考题】

1. 本实验为什么要使用新蒸的苯甲醛? 本实验中,若使用浓碱条件,苯甲醛会发生什么主要的化学反应?

2. 本实验采用维生素 B_1 作催化剂,有什么优点?

3. 反应溶液 pH 值保持在 9~10,过高或过低会有什么影响?

实验 40　二苯基乙二酮的制备
Preparation of benzil

一、实验目的

1. 学习用温和的氧化剂氧化安息香制备二苯基乙二酮的原理和方法。
2. 巩固回流、抽滤和重结晶等操作。

二、实验原理

安息香氧化反应式为

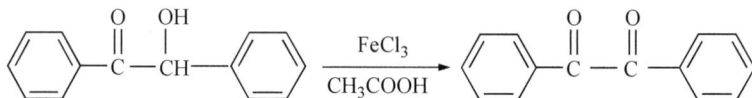

$$\text{PhC(O)CH(OH)Ph} \xrightarrow[\text{CH}_3\text{COOH}]{\text{FeCl}_3} \text{PhC(O)C(O)Ph}$$

二苯基乙二酮是一种杀虫剂,在有机合成中作原料和中间体,它对 480nm 以上的紫外光有敏化作用,因此可用于厚膜树脂的固化。

三、主要试剂

二苯羟乙酮(自制的安息香);冰醋酸;氯化铁晶体;95%乙醇溶液。

四、实验装置

二苯基乙二酮制备的主要装置如图 12-2 所示。

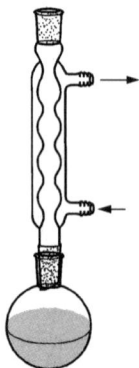

图 12-2　简单回流装置

140

五、实验步骤

1. 加料及反应

在 100mL 圆底烧瓶中加入 10mL 冰醋酸、5mL 水及 9g $FeCl_3 \cdot 6H_2O$,装上回流冷凝管,小火加热,并不断摇荡至沸腾。停止加热,待沸腾平息后,加入 2.12g(0.01mol)安息香,继续加热回流 45～60min。加入 40mL 水煮沸后,停止加热,冷却反应液[1],有黄色固体析出。

2. 粗产品分离

抽滤,用少量冷水洗涤固体 3 次,得粗产品。

3. 产品提纯

粗产品用 10～15mL 95% 的乙醇溶液重结晶[2],得到约 1.9g 黄色针状晶体,熔点为94～95℃。

【注意事项】

[1] 冷却时,应用玻璃棒搅动,防止结成大块,内含大量杂质。

[2] 重结晶时,若有黄色以外的杂质存在,可加活性炭进行脱色。

【思考题】

1. 本实验除了用 $FeCl_3$ 作氧化剂外,还可用哪些氧化剂? 各有哪些利弊?

2. 加入 40mL 水的目的是什么?

实验41 二苯乙醇酸的制备

Preparation of benzilic acid

一、实验目的

1. 学习二苯基乙二酮在氢氧化钾溶液中的重排原理。
2. 巩固重结晶、熔点测定、红外光谱等操作方法。

二、实验原理

二苯基乙二酮在碱溶液中发生重排,生成二苯基乙醇酸,这称为二苯基乙醇酸重排。反应式为

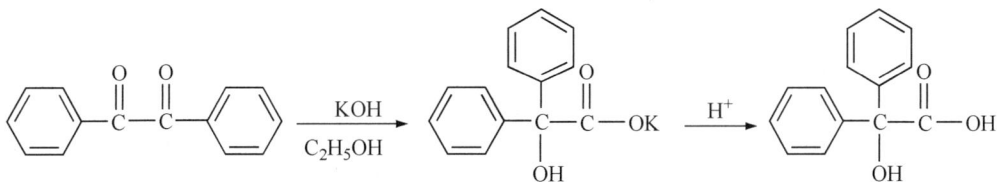

重排机理为

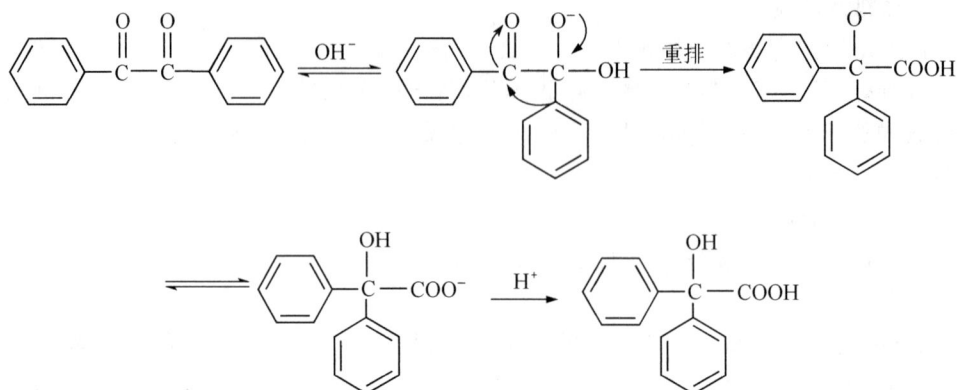

三、主要试剂

二苯基乙二酮(自制);氢氧化钾;95％乙醇溶液;1∶1(体积比)盐酸;活性炭。

四、实验装置

二苯基乙醇酸的制备装置如图 12-2 所示。

五、实验步骤

1. 加料

在 100mL 圆底烧瓶中加入 1.05g 氢氧化钾,加 2.5mL 水使之溶解,冷却后加入 4mL 95％乙醇溶液,混匀,然后加入 1.05g(0.005mol)二苯基乙二酮并振荡,溶液呈深紫色。

2. 回流反应

待固体溶解后,装上回流冷凝管,在水浴中加热回流 15min,直到反应瓶中由深紫色转变为棕色为止。

3. 后处理

稍冷,加入 12.5mL 水,再加少许活性炭,煮沸脱色后趁热过滤。将滤液转入烧杯中,并将烧杯置在冰水浴中,让其充分冷却(约 10min),然后边搅拌边慢慢滴加 1∶1(体积比)盐酸[1],此时有大量固体析出,滴至 pH 值为 2～3 为止(约 3～3.5mL)。

4. 粗产品分离

过滤得粉状固体,用少量冷水洗涤,抽干,将产品转入表面皿中,用红外灯干燥,约得 0.8g 产品。

5. 产品提纯

可用水—乙醇(3∶1)作溶剂重结晶[2],得无色针状晶体。

6. 产品表征

测定产品的熔点(149～150℃),扫红外光谱。

【注意事项】

[1] 酸化时,要慢慢滴加盐酸,滴加太快会出现油状物。

[2] 粗产品也可用苯重结晶,1g 粗产品约需 6mL 苯。

【思考题】

1. 如果二苯基乙二酮含有甲醇钠,在甲醇溶液中处理,经酸化后应得到什么产物? 写出产物结构式和反应机理。

2. 写出下列化合物经二苯基乙醇酸重排后的结构式。

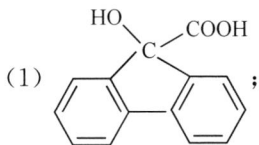

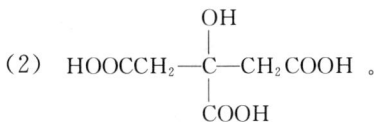

实验 42 乙酰二茂铁的制备
Preparation of acetylferrocene

一、实验目的

1. 通过乙酰二茂铁的制备,理解 Friedel-Crafts 酰基化反应原理。
2. 掌握机械搅拌等操作。

二、实验原理

二茂铁及其衍生物是一类很稳定的金属有机化合物。二茂铁是橙色的固体,可用作火箭燃料的添加剂、汽油抗爆剂和紫外光吸收剂等。二茂铁是由两个环戊二烯负离子和一个亚铁离子键合而成,具有面心型的结构。二茂铁具有类似苯的一些芳香性,但比苯更容易发生亲电取代反应。以乙酸酐为酰化剂,三氟化硼、磷酸等为催化剂,二茂铁发生酰基化反应,主要生成乙酰二茂铁和少量的 1,1′-二乙酰二茂铁。反应式为

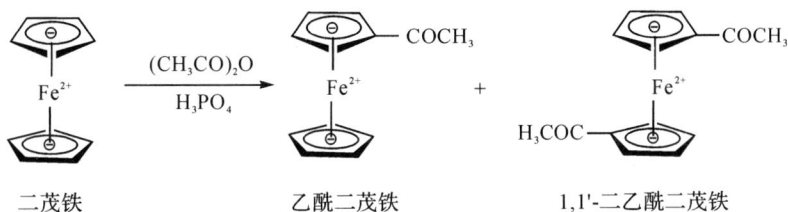

三、主要试剂

二茂铁;乙酸酐;85%磷酸;碳酸钠。

四、实验装置

乙酰二茂铁的制备装置见图 12-3。

第 12 章 有机化学综合性实验

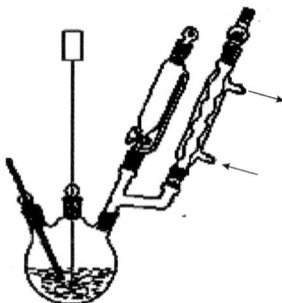

图 12-3　回流控温滴加搅拌干燥装置

五、实验步骤

1. 加料[1]

在 100mL 三口烧瓶中加入 1.5g(8.05mmol)二茂铁和 10mL(10.8g,0.105mol)乙酸酐,在恒压滴液漏斗中加入 2mL 85%磷酸。按图 12-3 所示安装好反应装置。

2. 滴加反应

开启搅拌,用冷水冷却三口烧瓶,慢慢滴加磷酸[2]。在整个滴加过程中,控制反应温度不要超过 20℃。滴加完成后,先在室温下搅拌 5min,再升温到 55～60℃继续搅拌 15min[3]。

3. 后处理

反应结束后,将反应混合物倾入盛有 40g 碎冰的 250mL 烧杯中,并用少量的冷水刷洗三口烧瓶,并将刷洗液并入烧杯。边搅拌边分批加入固体碳酸钠,至溶液 pH 值 7～8 为止[4](约 10g)。

4. 产品收集

将中和后的混合物置于冰水中冷却,然后抽滤,得到橙黄色的固体,用冰水洗涤两次,抽干,于 60℃红外灯下烘干[5],得乙酰二茂铁粗产品。

【注意事项】

[1] 反应用到的仪器预先烘干。

[2] 该反应是放热较明显的反应,磷酸滴加不要太快,控制反应温度不超过 20℃。

[3] 反应温度不要高于 60℃,加热搅拌时间不能过长,以防止产物变黑,正常产物是橙黄色结晶。

[4] pH 值一定要调到 7～8,否则产物析出较少,并观察加入的碳酸钠要全部溶解。

[5] 干燥温度不能高于 60℃,否则产物易熔化。

【思考题】

1. 乙酰二茂铁再酰化形成二酰基二茂铁时,第二个酰基为什么不进入同一个环?

2. 二茂铁比苯更易发生亲电取代反应,为什么不能用混酸进行硝化反应?

实验 43　乙酰二茂铁的薄层色谱

Thin layer chromatography of acetylferrocene

一、实验目的

1. 了解色谱法分离提纯有机化合物的基本原理和应用。
2. 掌握薄层色谱操作方法。

二、实验原理

薄层色谱是将吸附剂均匀地铺在一块玻璃板表面形成厚度为 $0.1\sim0.2mm$ 的薄层，并在此上进行色谱分离的方法。由于吸附剂对不同组分的吸附能力不同,对极性大的组分吸附力强,对极性小的组分吸附力弱,因此,当选择适当的展开剂流过吸附剂时,组分便在吸附剂和溶剂间发生连续的吸附和解吸附,经过一定时间,各组分便达到相互分离。各组分的分离效果用比移值 R_f 来衡量, R_f 差值越大,表示分离效果越好。

三、主要试剂

硅胶(100～200 目);二氯甲烷;石油醚(60～90℃);甲苯;乙醚;乙酸乙酯;二茂铁;乙酰二茂铁粗产品。

四、实验装置

层析缸;载玻片;铅笔;直尺。

五、实验步骤

1. 薄层板的制备

称取 4g 硅胶溶于 100mL 的二氯甲烷中,调成均匀的糊状,用粗口滴管吸取此糊状物,涂在洗净烘干的载玻片上,制成薄层均匀厚度为 0.25～1mm、表面光洁、平整的硅胶板,在空气中晾干后,于 110℃活化 0.5h,备用。

2. 点样

取少许干燥后的乙酰二茂铁粗产品和二茂铁分别溶于二氯甲烷中,用细的毛细管分别吸取上述两种溶液,将其分别点在距薄层板底边约 1cm 处[1],晾干,同样再点 4 块薄层板。

3. 展开

在 5 个层析缸中分别倒入少量的石油醚、甲苯、乙醚、乙酸乙酯和二氯甲烷(高度约 0.5cm),将 5 块点样的薄层板分别放入 5 个层析缸中,加盖。待展开剂前沿上升到距上端 1cm 处[2],取出薄层板,做记号计算 R_f 值,填入下表中。

R_f 值	石油醚	甲苯	乙醚	乙酸乙酯	二氯甲烷
二茂铁					
乙酰二茂铁					

4. 确定洗脱剂

由 R_f 值确定二茂铁和乙酰二茂铁的洗脱剂。

【注意事项】

[1] 样点尽量圆而小,两点的高度要一致,间距不小于1cm,不要弄破硅胶层。

[2] 5块薄层板展开剂前沿位置要一致。

【思考题】

1. 试比较二茂铁在石油醚、甲苯、乙醚、乙酸乙酯和二氯甲烷中 R_f 值大小,并分析原因。

2. 试分析二茂铁与乙酰二茂铁在二氯甲烷中 R_f 值不同的原因。

实验44 乙酰二茂铁的柱色谱
Column chromatography of acetylferrocene

一、实验目的

1. 了解并掌握柱色谱原理和方法。

2. 掌握柱色谱操作方法、旋转蒸馏器的使用方法。

二、实验原理

柱色谱是在色谱柱中装入吸附剂作为固定相,试样流经固定相被吸附,然后利用薄层色谱中探索到的能分离组分的溶剂作为流动相流经色谱柱,试样中的各组分在固定相和流动相之间不断进行吸附—解吸。固定相中吸附能力弱的组分先流出,吸附能力强的组分后流出,对于吸附能力超强不易流出的组分可另选择合适的溶剂再进行洗脱,这样就可以达到将各组分分离提纯的目的。

三、主要试剂

乙酰二茂铁粗产品;二茂铁;乙酸乙酯;硅胶(100～200 目);石油醚(60～90℃);石英砂。

四、实验装置

色谱柱(30cm);旋转蒸发器;熔点测定仪;红外光谱仪;核磁共振谱仪。

五、实验步骤

1. 拌样

称取乙酰二茂铁粗产品 0.1g 置于干燥的小烧杯中,滴加乙酸乙酯使其完全溶解,加入 1.0g 硅胶,搅拌均匀得橙黄色浆状物,在红外灯下干燥得松散的粉末状固体。

2. 湿法装柱

将色谱柱垂直固定在铁架台上[1],向柱中加入石油醚至柱高的 1/2,柱活塞下接一干净的锥形瓶。在小烧杯中称取约 40g 硅胶,加入石油醚调匀。打开柱下活塞,控制流出速度为 1～2 滴/s,将烧杯中的硅胶糊状物加入柱内,硅胶自然下降,将流出的石油醚倒入未倒完的硅胶烧杯中,搅匀后再倒入柱中,反复多次,将所有的硅胶全部转移入柱中。用滴管吸取流出的石油醚,将粘在柱内壁的硅胶淋洗下去,然后用皮锤轻轻敲击柱身,使柱面平整、无气泡,装填紧密而均匀、无裂缝。最后,在顶部加一层约 3mm 厚的石英砂[2]。

3. 上样

当石英砂上面留有少量石油醚时,将拌有粗产品的粉末状固体装入柱顶,轻敲柱身,使柱面平整,然后在其上再覆以 3mm 厚的石英砂。

4. 洗脱

用 5：1(体积比)石油醚和乙酸乙酯混合液作洗脱剂(100～150mL),从柱顶沿柱壁慢慢加入,控制洗脱剂的滴速在 1～2 滴/s,逐渐展开,得到黄色、橙色分离的色谱带。待色带分离明显后,可在柱顶加压以加速分离。黄色的二茂铁色带首先流出,用干燥的锥形瓶收集洗脱液。当黄色色带完全流出后,用另一个干燥的锥形瓶收集黄色与橙色之间的洗脱液。当橙色色带快要流出时,再用另一个干燥的锥形瓶收集洗脱液[3]。

5. 收集产品

收集到的黄色洗脱液中有未反应完的原料二茂铁,橙色洗脱液中主要是产物乙酰二茂铁。将橙色洗脱液倒入已称重的干燥圆底烧瓶中,旋转蒸发除去溶剂,烘干后得乙酰二茂铁产品,称量。

6. 产品的表征

测定产品的熔点(83.5～84.5℃)、红外光谱[4]和 HNMR 谱[5]。

【注意事项】

[1] 色谱柱要干净、干燥。

[2] 加石英砂的目的是在加料时不至于把吸附剂冲起。

[3] 在整个洗脱过程中,应使柱中洗脱剂液面始终保持高于石英砂面,否则柱中溶剂流干时,会使柱身干裂。

[4] $3446cm^{-1}$ 为苯环上共轭双键的氢吸收峰,$1662cm^{-1}$ 为羰基吸收峰,$1375cm^{-1}$ 为甲基吸收峰,$1101cm^{-1}$ 和 $1005 cm^{-1}$ 两个吸收峰较二茂铁相应的强度明显减弱,证明取代基后形成不对称,即环上是一个氢被取代,发生的是单酰化反应。

[5] 以 $CDCl_3$ 为溶剂,乙酰二茂铁的 HNMR 谱:4.77(三重峰,4H,C_5H_4);4.21(单峰,5H,C_5H_5);2.40(单峰,3H,CH_3)。

【思考题】

1. 乙酰二茂铁纯化时为什么用柱色谱法? 可否用重结晶法? 两种方法各有什么优缺点?

2. 本实验用柱色谱分离二茂铁和乙酰二茂铁的原理是什么?

实验 45　聚己内酰胺的制备

Preparation of polycaprolactam

一、实验目的

1. 学习环己酮肟的制备原理和方法。

2. 通过环己酮肟的贝克曼重排,学习己内酰胺的制备方法。

3. 了解开环聚合反应的原理和方法。

4. 掌握制备锦纶-6 的方法。

二、实验原理

聚己内酰胺又称锦纶-6,是一种人工合成的纤维,具有很好的强度和耐磨性能。聚己内酰胺由环己酮为原料分三步来合成:环己酮与羟胺亲核加成生成环己酮肟;环己酮肟在酸作用下发生贝克曼重排得到 ε-己内酰胺;ε-己内酰胺经开环聚合得到聚己内酰胺。反应式为:

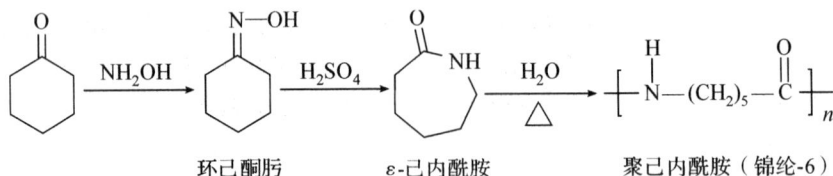

环己酮肟   ε-己内酰胺   聚己内酰胺（锦纶-6）

本实验采用本体聚合方法,以 ω-氨基己酸作为引发剂进行己内酰胺的开环聚合。

三、主要试剂

环己酮;盐酸羟胺;结晶乙酸钠;85％硫酸;20％氨水;无水硫酸镁;ω-氨基己酸;环己烷。

四、实验装置

聚己内酰胺的制备装置如图 12-4 所示。

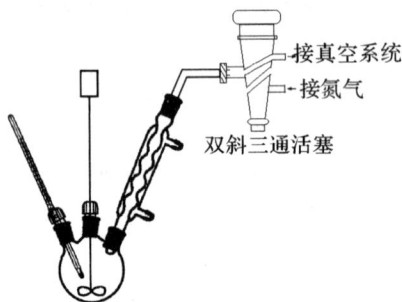

图 12-4　回流搅拌控温氮气保护装置

五、实验步骤

1. 环己酮肟的制备

在 250mL 磨口锥形瓶中,依次加入 14g(0.2mol)盐酸羟胺、20g 结晶乙酸钠和 60mL 水,振荡使其溶解,温热此溶液,使其达到 35～40℃,停止加热。分批加入 15mL(14g,0.14mol)环己酮(每次 1～2mL),边加边振荡,此时即有固体析出。环己酮加完后,用空心塞塞住瓶口,剧烈振荡 2～3min[1],环己酮肟以白色结晶析出。冷却后抽滤,并用少量冷水洗涤固体,抽干,干燥后称量(约 16g 产品)。

2. ε-己内酰胺的制备

在 500mL 烧杯[2],加入 10g 环己酮肟和 20mL 85％硫酸,用玻璃棒搅拌使反应物混合均匀。在烧杯中放置一支 200℃ 温度计,小心加热烧杯,当开始有气泡时(约 120℃),立即移去热源。此时发生剧烈的放热反应,温度很快上升(可达 160℃),反应在几秒内即完成[3]。

稍冷后,将混合液转入 250mL 三口烧瓶中,三口烧瓶上分别安装搅拌器、温度计和滴液漏斗,在冰盐浴中冷却。当溶液温度降至 0～5℃ 时,搅拌下小心滴入 20% 氨水溶液[4],控制温度在 20℃ 以下,以免己内酰胺在较高温度下发生水解,直至溶液恰好使石蕊试纸呈蓝色(碱性)(约加 60mL 20% 氨水溶液,需 1h 加完)。

将混合液转入分液漏斗中,分去水层,有机层用适量的无水硫酸镁干燥后,小心转入干燥蒸馏烧瓶中进行减压蒸馏[5]。收集 127～133℃/0.93kPa 或 137～140℃/1.6kPa 或 140～144℃/1.87kPa 的馏分。馏出物在接收瓶中固化成无色结晶,5～6g。

3. 聚己内酰胺的制备

在 100mL 三口烧瓶上安装机械搅拌器、温度计、冷凝管和通氮气导管(图 12-4),抽真空、充氮气,重复 3 次以除去反应瓶中的空气。在氮气流下加入 4.5g 己内酰胺[6]和 0.5g ω-氨基己酸,加热至体系熔融,于 140℃ 下开动机械搅拌器,升温至 250℃。继续反应 5h,生成几乎无色的高黏度熔融物,迅速将熔融物倒入烧杯中冷却,得到锦纶-6。

【注意事项】

[1] 振荡要剧烈,如环己酮肟呈白色小球状,说明反应还没完成,继续振荡。

[2] 由于重排反应为剧烈的放热反应,所以需用大烧杯以利散热,使反应缓和。

[3] 此时生成棕色略稠液体。

[4] 用氨水中和时,开始要慢慢滴加,因为此时溶液较黏稠,反应放热,加得太快,放热使温度突然升高,影响收率。

[5] 减压蒸馏时,为防止己内酰胺在冷凝管中凝结,最好直接用接收瓶,不用冷凝管。

[6] 己内酰胺用环己烷重结晶两次,并于室温下经 P_2O_5 真空干燥 48h。

【思考题】

1. 制备环己酮肟时,加入乙酸钠的目的是什么?

2. 己内酰胺聚合时,为什么用氮气保护?

实验 46 对氨基苯磺酰胺的制备
Preparation of sulfanilamide

一、实验目的

1. 学习对氨基苯磺酰胺的制备原理和方法。

2. 掌握酰氯的氨解和乙酰氨基衍生物的水解反应。

二、实验原理

磺胺类药物是含磺胺基团的合成抗菌药的总称,能抑制多种细菌和少数病毒的生长和繁殖,用于防治多种病菌感染。磺胺类药物的一般结构为

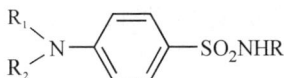

磺胺类药物的制备可从苯胺和简单的脂肪族化合物开始,其中会产生多种中间体,这些中间体有的需要分离提纯出来,有的不需要分离提纯就可直接进行下一步反应。合成路线如下:

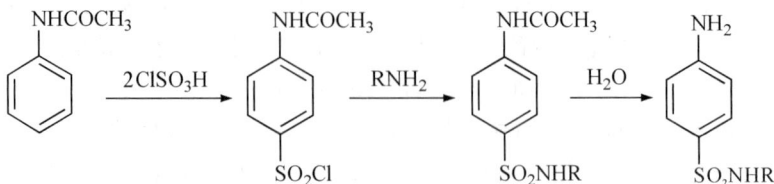

式中:若 R＝H,产物为磺胺。水解条件为:①HCl/H$_2$O;②NaHCO$_3$。

若R＝ [吡啶基] ,产物为磺胺吡胺。水解条件为:①NaOH/H$_2$O;②HCl。

若R＝ [噻唑基] ,产物为磺胺噻唑。水解条件:①NaOH/H$_2$O;②HCl。

三、主要试剂

乙酰苯胺;氯磺酸;浓氨水;浓盐酸;饱和碳酸氢钠溶液。

四、实验装置

对氨基苯磺酰胺制备装置如图 12-5 和图 12-6 所示。

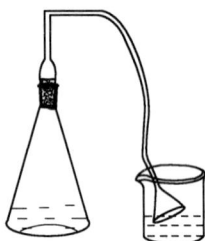

图 12-5　简单吸收装置

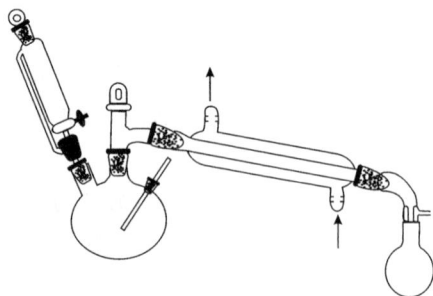

图 12-6　简单回流装置

五、实验步骤

1. 对乙酰氨基苯磺酰氯的合成

在 100mL 干燥的锥形瓶中,加入 5g 干燥的乙酰苯胺,用小火加热使之融化[1]。若瓶壁上出现少量水珠,用滤纸擦干。取下锥形瓶,放在冰水浴中冷却,熔融物凝结成块,迅速加入 12.5mL 氯磺酸[2],立即塞上带有氯化氢导气管的塞子(如图 12-5 所示,用水吸收,注意防止倒吸)。反应很快发生。若反应过于剧烈,可用冰水冷却。待反应缓和后,旋摇锥形瓶使固体全溶,然后于温水浴中加热至不再有氯化氢产生为止(约 10min)。冷却后于通风橱中充分搅拌,将反应液慢慢倒入盛有 75mL 冰水的烧杯中[3]。用 10mL 冷水洗涤锥形瓶,洗液倒入烧杯并搅拌数分钟,出现白色粒状固体,减压过滤,用水洗净,压紧抽干,立即进行下一步反应[4]。

2. 对乙酰氨基苯磺酰胺的合成

将上述粗产品移入烧杯中,在不断搅拌下慢慢加入 17.5mL 浓氨水(在通风橱内操作),此时产生白色稠状物。加完后,继续搅拌 15min,使反应完全。然后加入 10mL 水,在 70℃ 水浴中加热 10min,并不断搅拌,以除去多余的氨。得到的混合液可直接用于下一步的合成[5]。

3. 对氨基苯磺酰胺的合成

如图 12-6 所示,将上述反应物转入圆底烧瓶中,加入 3.5mL 浓盐酸,加热回流 40～50min。冷却后,得到几乎澄清的溶液,若有固体析出[6],应继续加热,使反应完全。如果溶液呈黄色,并有极少量的固体存在,需加入少量活性炭煮沸 10min 脱色。过滤,将滤液转入大烧杯中,在搅拌下慢慢加入饱和碳酸氢钠溶液[7],直至溶液呈中性,此时有固体析出,在冰水中冷却后,抽滤,用少量水洗涤固体,压干,得粗产品。用水重结晶(1g 产物约需 12mL 水),得产物 3～4g,熔点 162～164℃。

【注意事项】

[1] 氯磺酸与乙酰苯胺的反应相当激烈,将乙酰苯胺凝结成块状,可使反应缓和。

[2] 氯磺酸有强烈的腐蚀性,遇水发生剧烈的放热反应,甚至爆炸,在空气中即冒出大量氯化氢气体,取用时需特别小心,所用仪器和药品需十分干燥,操作时注意通风。

[3] 加入速度必须缓慢,并充分搅拌,以免局部过热而使对乙酰氨基苯磺酰氯水解。这是做好本实验的关键。

[4] 粗制的对乙酰氨基苯磺酰氯久置容易分解,甚至干燥后也要分解。若要得到纯品,可将粗产品溶于温热的氯仿中,然后迅速转移到事先温热的分液漏斗中,分出氯仿层,在冰水浴中冷却后即可析出晶体,抽滤,用少量氯仿洗涤结晶,抽干即得纯品,纯品熔点为 149℃。

[5] 若要得到产品,可在冰水浴中冷却,抽滤,用冰水洗涤,干燥即得粗产品。粗产品用水重结晶,纯品熔点为 219～220℃。

[6] 加浓盐酸水解前,由于溶液中氨的含量可能不同,加 3.5mL 浓盐酸有时不够,因此,在回流至固体全部消失后,应测量一下溶液的酸碱性,若不呈酸性,应补加浓盐酸继续回流一段时间。

[7] 中和反应中放出大量的二氧化碳气体,应控制加入速度,防止产品溢出。而产品可溶于过量碱中,所以中和时必须认真控制碳酸氢钠的用量。

【思考题】

1. 为什么用乙酰苯胺来氯磺化,直接用苯胺行吗?

2. 为什么氯磺化后,要把产物倒入冰水中水解剩余的氯磺酸?如果倒入水中,会有什么副反应发生?

3. 对乙酰氨基苯磺酰胺分子有两种酰胺,为什么水解时,羧酰胺比磺酰胺要容易水解得多?

4. 如何理解对氨基苯磺酰胺是两性物质?试用反应表示磺胺与稀酸和稀碱的反应。

第13章 有机化学设计性实验

Chapter 13 Designing experiments of organic chemistry

实验47 微波法合成止痛药物(乙酰苯胺、非那西汀、醋氨酚)

Synthesis of analgesic drugs（acetanilide，acetophenetidine，acetaminophen）by microwave

一、设计题目

1. 微波法合成乙酰苯胺

2. 微波法合成非那西汀

3. 微波法合成醋氨酚

二、基本要求

1. 文献综述

通过查阅文献阐述三种止痛药物的用途,归纳目前文献中(除微波法外)该类化合物的各种合成路线及其优缺点。

2. 课题设计

与传统方法进行比较,阐明微波法的特点,在文献综述的基础上设计合理的实验路线,简要说明选择该路线的原因,并推测可能的实验结果(反应时间的长短、收率的高低等)。

3. 实验部分

(1) 确定所需的试剂、仪器。

(2) 设计详细的实验步骤并按其实施。

(3) 计算产率,对产物进行分析检测。

4. 研究结果

完成设计性实验报告。

三、实验提示

1. 微波法合成乙酰苯胺

以苯胺和醋酸为原料,微波辐射合成乙酰苯胺[1]。反应式如下:

2. 微波辐射合成非那西汀

G. A. Mirafzal 等从对氨基苯乙醚和乙酸酐出发,微波辐射合成非那西汀[2]。反应式如下:

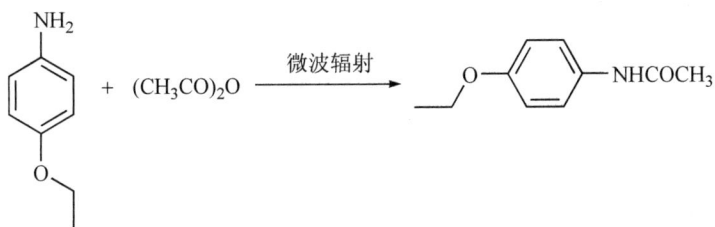

3. 微波辐射合成醋氨酚

以对氨基酚和乙酸酐为原料,微波辐射合成醋氨酚[3]。反应式如下:

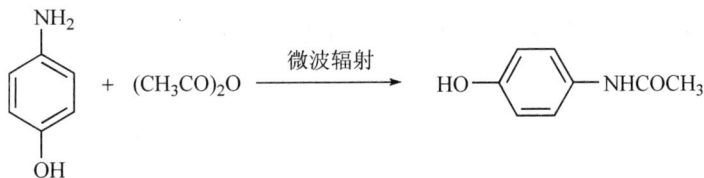

参考文献

[1] 周金梅,林敏,杨俐锋. 微波法合成乙酰苯胺[J].厦门大学学报(自然科学版),2003,42(5):679-681.

[2] Mirafzal G A,Summer J M. Microwave irradiation reactions:synthesis of analgesic drugs [J]. J Chem Educ,2000,77(3),356-357.

[3] 邵艳东,李永红,俞应华,等. 微波辐射合成对乙酰氨基酚的研究[J].应用化工,2010,39(2):192-194.

【思考题】

1. 工业上如何合成苯胺?

2. 如何合成对氨基苯乙醚?

3. 如何合成对氨基苯酚?

实验48 外消旋 α-苯乙胺的制备与拆分

Preparation and separation of racemic α-phenyl ethylamine

一、设计题目

外消旋 α-苯乙胺的制备与拆分

二、基本要求

1. 文献综述

通过查阅文献阐述 α-苯乙胺的应用,归纳目前文献中 α-苯乙胺的制备路线及其优缺点,简述目前文献中 α-苯乙胺的拆分方法。

2. 课题设计

在文献综述的基础上设计选择合理的合成 α-苯乙胺的实验路线与拆分方法,简要说明选择该路线与方法的理由。

3. 实验部分

(1) 确定所需的试剂、仪器。

(2) 设计实验步骤并按其实施。

(3) 计算产率,对产物进行分析检测。

(4) 对消旋体进行拆分。

4. 研究结果

完成设计性实验报告。

三、实验提示

1. α-苯乙胺的合成

(1) 以苯乙酮和液氨为原料,瑞尼镍加氢还原来制备[1]。反应式如下:

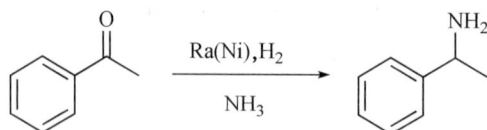

(2) 以苯乙酮和芳胺为原料,先制备得到亚胺中间体,经还原然后氧化得到[2]。反应式如下:

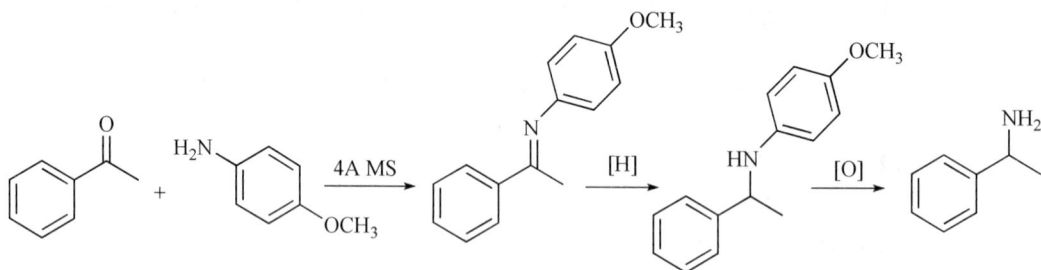

(3) 由苯乙炔出发,经格氏加成制备亚胺,再经还原得到[3]。反应式如下:

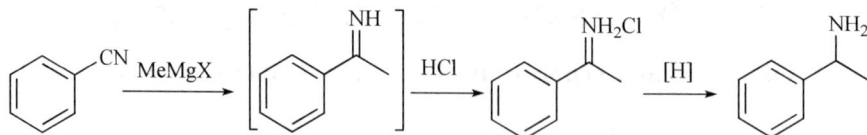

(4) 直接用甲酸铵对苯乙酮进行还原氨化得到[4]。反应式如下:

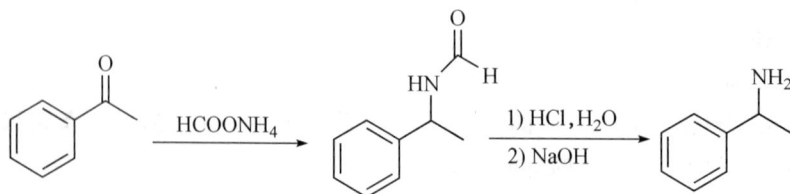

2. α-苯乙胺的拆分

(1) 用(+)-酒石酸来拆分[5]。反应式如下:

（2）用 L-苹果酸来拆分[6]。反应式如下：

参考文献

[1] Robinson J C, Snyder H R. α-Phenylethylamine [J]. Org Syn, 1943, 23: 68-70.

[2] a) Marin S D L, Martens T, Mioskowski C, et al. Efficient *N-p*-methoxyphenyl amine deprotection through anodic oxidation [J]. J Org Chem, 2005, 70: 10592-10595; b) Itoh T, Nagata K, Miyazaki M, et al. A selective reductive amination of aldehydes by the use of Hantzsch dihydropyridines as reductant [J]. Tetrahedron, 2004, 60: 6649-6655.

[3] Robinson J C, Snyder H R. Enantioselective hydrogenation of n-h imines [J]. J Am Chem Soc, 2009, 131: 9882-9883.

[4] Ingersoll A W. α-Phenylethylamine [J]. Org Syn, 1937, 17: 76.

[5] Ault A. *R*(+)- and *S*(−)-α-phenylethylamine [J]. Org Syn, 1969, 49: 93.

[6] Ingersoll A W. *d*- and *l*-α-phenylethylamine [J]. Org Syn, 1937, 17: 80.

【思考题】

简述 α-苯乙胺的拆分原理。

实验49 复方止痛药片成分的分离与鉴定

Component separation and identification of analgesic tablets

一、设计题目

复方阿司匹林药片的活性成分的分离与测定

二、基本要求

独立设计出实验方案，按方案进行实验，鉴别出活性成分。

三、实验提示

测定方法可用薄层色谱法，按下列思路设计：

1. 非处方止痛药片的成分包括两大部分：非活性成分和活性成分。非活性成分主要是淀粉等辅料；活性成分是阿司匹林、非那西汀、咖啡因三种混合物。

2. 可用体积比 1:1 的二氯甲烷与甲醇的混合物萃取，把药片的活性成分与非活性成分分开。

3. 根据显色方式选择吸附剂硅胶的种类，按相应要求制板。

4. 展开剂可用乙酸乙酯,也可以采用混合展开剂。

5. 显色可用碘蒸气熏蒸法,也可以在紫外灯下观察斑点。

6. 要用标样确定各成分的 R_f。

7. 若要分离出各纯的活性成分,制板时吸附剂涂层要厚,点样成条状。

参考文献

[1] 米勒. 现代有机化学实验[M]. 上海:上海科学技术出版社,1987.

[2] 吴世晖,周景尧,林子森,等. 中级有机化学实验[M]. 北京:高等教育出版社,1986.

[3] Schoffstall A M, et al. Microscale andminiscale organic chemistry laboratory experiments[M]. Boston:McGraw-Hill, 2000.

[4] Williamson K L. Macroscale and microscale organic experiments[M]. 3rd edition. Boston:Houghton Mifflin Company, 1999.

【思考题】

1. 分离与测定复方阿司匹林中各活性成分,除了薄层色谱法,还有哪些方法?

2. 写出复方阿司匹林中三种成分的结构式。

实验 50 "一锅煮法"制备取代咪唑

Preparation of substituted imidazole by one-pot procedure

一、设计题目

用苯偶姻、苯甲醛、苯胺和乙酸铵合成 1,2,4,5-四苯基咪唑

二、基本要求

1. 文献综述

通过查阅文献阐述"一锅煮法"的优点,归纳目前文献中取代咪唑类化合物合成的主要方法。

2. 课题设计

根据文献,选择用苯偶姻、苯甲醛、苯胺和乙酸铵四种组分,用"一锅煮法"制备 1,2,4,5-四苯基咪唑的实验方案。

3. 实验部分

(1) 确定所需的试剂、仪器。

(2) 设计详细的实验步骤并按其实施。

(3) 计算产率,对产物进行分析检测。

4. 研究结果

完成设计性实验报告。

三、实验提示

苯偶姻、苯甲醛、苯胺和乙酸铵的合成反应为

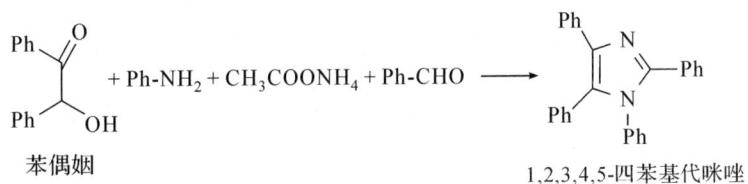

苯偶姻

1,2,3,4,5-四苯基代咪唑

参考文献

[1] 祝介平,别内梅,张书圣,等. 多组分反应[M]. 北京:化学工业出版社,2008.

[2] 李明,刘永军,王书文,等. 有机化学实验[M]. 北京:科学出版社,2010.

[3] 冯骏材,朱成建,俞寿云. 有机化学原理[M]. 北京:科学出版社,2015.

【思考题】

1. 什么是多组分反应?多步合成法与"一锅煮法"相比,各有什么优缺点?

2. 写出苯偶姻、苯甲醛、苯胺和乙酸铵反应合成 1,2,4,5-四苯基咪唑可能反应的机理。

第13章 有机化学设计性实验

第14章　有机化学研究性实验

Chapter 14　Research experiments of organic chemistry

实验51　乙酸正戊酯制备条件的研究

Study on experimental conditions for amyl acetate preparation

一、研究背景

酯化反应是可逆反应,反应物酸、醇的结构、配料比、催化剂,温度等都影响反应速率、化学平衡和产率。要得到高收率的产物,需将廉价的反应物过量,或将产物从反应体系中分出。

二、研究方案

实验1　乙酸0.1mol,戊醇0.1mol,浓硫酸5滴,回流反应装置。

实验2　乙酸0.1mol,戊醇0.1mol,不加浓硫酸,回流反应装置。

实验3　乙酸0.12mol,戊醇0.1mol,浓硫酸5滴,回流反应装置。

实验4　乙酸0.1mol,戊醇0.1mol,浓硫酸5滴,苯5mL,回流分水反应装置。

实验提示:

做实验1、2、3时,在烧瓶中分别加入上述反应物和几粒沸石。缓慢加热使反应物出现回流,调节火力,使回流液高度不超过一个球,回流反应30min后,冷却至接近室温,先用5mL冷水洗涤反应混合物,再用饱和碳酸钠溶液洗涤两次,每次用5mL,最后再用5mL水洗涤一次。加入5mL苯,将混合物倒入50mL烧瓶中,蒸馏收集144℃以前的所有馏分,残留液保存。馏出液再重新蒸馏收集144℃以前的馏分,合并两次蒸馏的残留液进行蒸馏,收集144～150℃的乙酸正戊酯。

实验4在回流分水反应装置中进行到几乎没有生成的水进入分水器中(约30min)。在反应过程中及时让分水器中的有机层流回反应瓶中。记录反应分出的水量。按前三个实验的方法分离纯化酯(不加5mL苯)。

三、拟研究的问题

1. 比较四个实验方案,确定乙酸戊酯制备的最优的实验方法。
2. 计算此酯化反应的近似平衡常数。
3. 5mL苯加入是否必要。
4. 研究乙酸丁酯、乙酸异戊酯、乙酸己酯的合成条件,总结出酯制备实验的一般操作条件和方法。

四、参考文献

[1] 周科衍,高占先.有机化学实验教学指导[M].北京:高等教育出版社,1997.

[2] 麦肯济.有机化学实验[M].大连工学院有机化学教研组,浙江大学有机化学教研组,译.北京:

人民教育出版社,1980.

[3] 高占先.有机化学实验[M].4 版.北京：高等教育出版社,2004.

五、要求

按照论文格式书写一份研究报告。

实验 52 钯碳催化环己烯反应产物的研究

Study on cyclohexene reaction products by palladium-carbon catalyst

一、研究背景

金属钯浸渍到活性炭上制成钯碳,它可作为烯烃加氢催化剂,反应温度较低。钯碳在较高温度下又是饱和碳氢键的脱氢催化剂。环己烯有比较活泼的 α-氢,容易发生化学反应。环己烯与钯碳放在一起加热回流,会发生什么反应？生成的产物是什么？如何鉴别？

二、研究方案

在 15mL 圆底烧瓶中,放入约 100mg 10%钯碳催化剂,加入约 2mL 环己烯和一粒沸石,装上回流冷凝管,在砂浴上加热回流,自回流出现至少再加热 15min 后停止加热。冷却至室温,过滤回收钯碳。将滤液保存在洁净干燥的锥形瓶中。

在两支小试管中分别加入 0.1mL 原料环己烯和反应产物。用滴管分别向两试管中滴加含 5%溴的四氯化碳溶液,边滴加边振摇试管。记录两试管中溶液所消耗溴的四氯化碳溶液的滴数(至溴不褪色为止)。

用气相色谱分别分析环己烯和产物的组成及相对含量。用 NMR 仪、IR 仪和 UV 仪分别测定原料环己烯和产物的三种谱图,并解析这些谱图。

三、拟研究的问题

1. 从一系列的检测与谱图解析,说明可能发生的化学反应及产生的产物。

2. 改变回流反应时间,如分别回流 5min、10min、20min、25min 等,重新进行上述各项检测,产物是什么？

3. 反应是如何进行的？

四、参考文献

[1] Streitwieser A, et al. Introduction to organic chemistry[M]. New York：Mac Millan, 1976.

[2] Williamson K L. Macroscale and microscale organic experiments[M]. 3rd edition. Boston：Houghton Mifflin Company, 1999.

[3] 高占先. 有机化学实验(第四版)[M]. 北京：高等教育出版社,2004.

五、要求

按照论文格式书写一份研究报告。

实验 53　对-硝基苯胺的制备研究

Study on preparation of *p*-nitroaniline

一、研究背景

对硝基苯胺是染料工业中极为重要的中间体,可直接用于合成直接耐晒黑 G,直接绿 B、BE、2B-2N,黑绿 NB,直接灰 D,酸性黑 10B、ATT,分散红 P-4G,阳离子深黄 2RL,毛皮黑 D,对苯二胺,邻氯对硝基苯胺,2,6-二氯-4-硝基苯胺,5-硝基-2-氯苯酚等;还可作农药和兽药的中间体,在医药工业中可用于生产氯硝柳胺、卡巴胺、硝西泮、喹啉脲硫酸盐等;同时还是防老剂、光稳定剂、显影剂等的原料。

二、研究方案

合成路线:

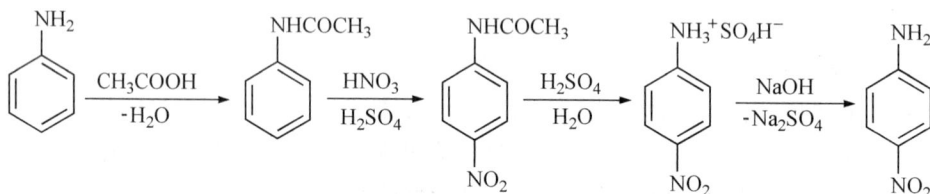

1. 乙酰苯胺的制备

在 10mL 干燥的圆底烧瓶中加入 2.5mL 新蒸馏的苯胺、3.8mL 冰醋酸和少许锌粉(约 0.03g,防止苯胺在反应过程中被氧化),摇匀。装上分馏柱,柱的侧管处连接接引管,用一个 5mL 圆底烧瓶接收蒸出的水和乙酸,柱顶插上温度计。小火加热,保持反应液微沸约 10min,逐渐升温,使反应温度维持在 100~105℃约 1h,反应生成的水和剩余的乙酸被蒸出。当温度不断下降时(有时反应瓶中会出现白雾),可认为反应已经结束。

在搅拌下,趁热将反应物倒入盛有 20mL 冷水的 50mL 烧杯中,即有白色固体析出。搅拌,冷却后抽滤,并压碎晶体,用少量冷水洗涤晶体,以除去残留的酸液,抽干,粗产品可用水重结晶(若有色,用活性炭脱色),得到白色片状晶体,烘干至恒重,计算产率,测熔点(114℃)。

2. 对硝基乙酰苯胺的制备

在室温下,向一个盛有 17.5mL 浓硫酸的 100mL 烧杯中边搅拌边分批加入 6.75g 干燥的乙酰苯胺,充分搅拌使之完全溶解(应低于 25℃,防止乙酰苯胺水解)。把烧杯置于冰盐浴中,使乙酰苯胺的硫酸溶液冷却至 0℃。然后在电动搅拌下用滴管慢慢地滴加 4mL 浓硝酸,使硝化温度不超过 5℃(以减少邻硝基乙酰苯胺生成量)。加完硝酸后,原温度下再继续搅拌 30min。然后边搅拌边把反应混合液以细流慢慢地倒入盛有 25mL 水和 25g 碎冰的 250mL 烧杯中,粗对硝基乙酰苯胺就立刻成固体析出。放置约 10min,冷却后,减压抽滤,尽量挤压掉粗产品中的酸液,用 60mL 冰水分两次洗涤,以便除去酸。

将粗产品倒入一个盛有 50mL 水的 500mL 烧杯中,在不断搅拌下,分几次加入碳酸钠粉末,直到混合物呈碱性(pH 值约为 10),再加约 50mL 水。将反应混合物加热至沸腾。这时对硝基乙酰苯胺不水解,而邻硝基乙酰苯胺则水解为邻硝基苯胺。混合物稍冷却后(不低于 50℃),迅速进行减压过滤,尽量挤压掉溶于碱性溶液的邻硝基苯胺,再用热水(60~70℃)洗涤滤饼,抽干。取出对硝基乙酰苯胺,放在表面皿上晾干(不必干燥),得白色粉末(约 8g),测熔点(215.6℃)。

3. 对硝基苯胺的制备

将所得的对硝基乙酰苯胺粗产品转入 100mL 的圆底烧瓶中,加入 37.5mL 70%硫酸及两粒沸石,装上回流冷凝管,加热回流 25min。反应混合物变为透明的溶液。冷却后,倒入 100mL 的冰水中。若有沉淀析出(可能是较难溶于稀硫酸的邻硝基苯胺),用减压过滤除去,滤液为对-硝基苯胺的硫酸盐溶液。待溶液彻底冷却后,加入 20%氢氧化钠溶液,使对硝基苯胺沉淀下来(pH 值约为 8)。冷却至室温后,减压抽滤,滤饼用冷水洗涤,除去碱液后,取出晾干。用水进行重结晶,产物约为 4g,熔点为 147.5℃。

三、拟研究的问题

1. 氨基保护与降低氨基对苯环的致活能力
2. 邻位与对位硝基主要产物的条件控制与分离
3. 多步制备反应,主要产物的鉴定

四、参考文献

[1] 高占先. 有机化学实验[M]. 4 版.北京:高等教育出版社,2004.
[2] 曾昭琼. 有机化学实验[M]. 3 版.北京:高等教育出版社,2000.
[3] 李英俊,孙淑琴. 半微量有机化学实验[M]. 2 版.北京:化学工业出版社,2009.

五、要求

按照论文格式书写一份研究报告。

实验 54 取代烷基苯氧化反应的研究

Study on oxidizing reaction for instead of alkyl benzene

一、研究背景

在有机化学教材中,烷基苯氧化得到苯甲酸的反应通式为

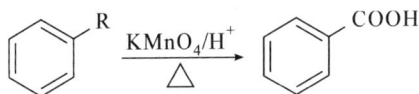

不论侧链有多长及侧链上是否有其他基团,只要有 α-H,就能被强氧化剂氧化生成苯甲酸。

这一反应通式是怎样得来的?实验根据是什么?烷基苯的苯环上带有钝化苯环的基团如卤原子、硝基等,这一反应通式是否正确?又怎样证明?这些问题归纳起来,就是如何进行有机化学反应的研究。

二、研究方案

在 250mL 圆底烧瓶中放入 2.7mL 烷基苯和 100mL 水,装上回流冷凝管,加热至沸

腾。从冷凝管上口分批加入 8.5g 高锰酸钾(黏附在冷凝管内壁的高锰酸钾最后用 25mL 水冲洗入瓶内)。继续煮沸并间歇摇动烧瓶,直到有机层几乎消失。

将反应混合物趁热抽滤(滤液如果呈紫色,可加入少量亚硫酸氢钠使紫色褪去后,重新抽滤),用少量热水洗涤滤渣二氧化锰。合并滤液和洗涤液,放在冰水浴中冷却,然后用浓盐酸酸化(用刚果红试纸检验),使苯甲酸全部析出。抽滤,用少量冰水洗涤,抽干,干燥得粗产物。

若要得到纯净的苯甲酸,可用水进行重结晶。(苯甲酸在 100mL 水中的溶解度为:0.18g(4℃);0.27g(18℃);2.2g(75℃)。熔点为 122.4℃。)

三、拟研究的问题

1. 取代基的位置对氧化反应的影响。
2. 取代基的种类对氧化反应的影响。
3. 烷基侧链长度对氧化反应的影响。
4. 烷基侧链上的取代基对氧化反应的影响。

(参考烷基苯:邻氯甲苯、间氯甲苯、对氯甲苯、邻溴甲苯、间溴甲苯、对溴甲苯、邻硝基甲苯、间硝基甲苯、对硝基甲苯及相应的取代基的乙苯、苄氯、苯甲醇。)

四、参考文献

[1] 高占先. 有机化学实验[M]. 4 版. 北京:高等教育出版社,2004.

[2] 李明,刘永军,王书文,等. 有机化学实验[M]. 北京:科学出版社,2010.

[3] 冯骏材,朱成建,俞寿云. 有机化学原理[M]. 北京:科学出版社,2015.

五、要求

按照论文格式书写一份研究报告。

实验习题

一、选择题

1. 使用有机溶剂重结晶提纯某一种化合物时,为了尽快析出结晶,可以采用的正确操作方法是(   )。

    A. 放入冰箱中冷却   B. 用冰水浴冷却

    C. 浓缩除去部分溶剂   D. 快速加入不良溶剂

2. 不能使用金属钠干燥的有机溶剂是(   )。

    A. 乙醚   B. 二氯甲烷   C. 甲苯   D. 四氢呋喃

3. 通过合成实验得到一个稳定的已知固体样品,以下哪种测试方法可较为简便地判断其是否为目标产物以及其纯度(   )。

    A. 测定红外光谱   B. 测定熔点   C. 薄层色谱分析   D. 核磁共振分析

4. 使用薄层色谱分析能够快速且较准确地判断合成反应液中是否含有目标产物,下列操作方法最合理的是(   )。

    A. 分别在两块薄板上展开反应液和目标产物对照样品,比较比移值是否相同

    B. 在同一块薄板上展开反应液和目标产物对照样品,比较比移值是否相同

    C. 在同一块薄板上展开反应液、目标产物对照样品及其混合后的样品,比较比移值是否相同

    D. 采用文献报道的薄层色谱条件展开反应液样品,与文献的比移值进行对比

5. 下列提纯方法中适合纯化微量液体样品的是(   )。

    A. 柱层析   B. 蒸馏   C. 过滤   D. 重结晶

6. 从手册中查得下列四种有机化合物蒸气的爆炸极限(体积%),判断爆炸危险性最大的是(   )。

    A. 甲烷:5.3～15   B. 乙醚:1.85～36   C. 乙烯:2.7～36   D. 乙炔:2.3～72.34

7. 从手册中查得下列四种有机化合物的闪点(Flash Point,℃),其中起火危险性最大的是(   )。

    A. 乙醚:−45   B. 叔丁醇:10   C. 异戊烷:−56   D. 甲苯:4.4

8. 通过简单蒸馏方法较好地分离两种不共沸的化合物,要求这两种化合物的沸点相差应不小于(   )。

    A. 5℃   B. 10℃   C. 20℃   D. 30℃

9. 在蒸馏操作中,温度计位置正确的是(   )。

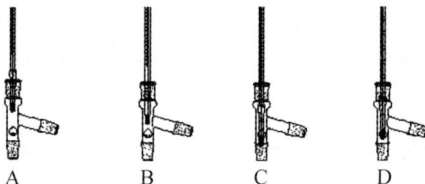

    A   B   C   D

10. 简单蒸馏时,蒸馏液体的量不能超过圆底烧瓶容积的(　　)。

A. 1/3　　　　B. 2/3　　　　C. 1/2　　　　D. 3/4

11. 常压蒸馏硝基苯(bp210℃)时,冷凝管应选择(　　)。

A. 空气冷凝管　　B. 直形冷凝管　　C. 蛇形冷凝管　　D. 球形冷凝管

12. 有机实验室经常选用合适的无机盐类干燥剂来干燥液体粗产物,下列操作方法正确是(　　)。

A. 加入少量干燥剂,旋摇后放置数分钟,观察干燥剂棱角或状态变化决定是否需补加

B. 按照水在液体中的溶解度计算加入干燥剂的量

C. 尽量多加些,以利充分干燥

D. 仅加少许以防产品被吸附

13. 用硅胶薄层层析板以二氯甲烷作为展开剂,对下列化合物进行薄层色谱展开时,R_f 值最小的是(　　)。

A. 苯甲醛　　　　B. 苯甲醇　　　　C. 苯甲酸　　　　D. 苯甲酸乙酯

14. 利用正丁醇和氢溴酸反应制备 1-溴丁烷时,蒸馏出的有机物分别用水和冷的浓硫酸洗涤,在充分振摇并静置分层后,有机相(　　)。

A. 都在上层　　　　　　　　B. 都在下层

C. 水洗时在上层,浓硫酸洗时在下层　　D. 水洗时在下层,浓硫酸洗时在上层

15. 在以苯甲醛和碳酸钾为原料制备肉桂酸的实验中,采用水蒸气蒸馏蒸出的是(　　)。

A. 肉桂酸　　　　B. 苯甲醛　　　　C. 碳酸钾　　　　D. 乙酸酐

16. 为使反应体系温度能被稳定地控制在 $-10 \sim 15℃$,下列较为合适的方法是(　　)。

A. 冰/水浴　　　B. 冰/氯化钙浴　　C. 丙酮/干冰浴　　D. 乙醇/液氮浴

17. 在用乙酸乙酯制备乙酰乙酸乙酯的实验时,所用的乙酸乙酯不是绝对纯净的,其中可能含有(　　)。

A. 1%～3%乙醇　　　　　　B. 1%～3%乙醛

C. 1%～3%水　　　　　　　D. 1%～3%冰乙酸

18. 在乙酰苯胺的制备实验中,控制分馏柱上端的温度在 100～110℃,目的是蒸出(　　)。

A. 乙酸　　　　B. 反应生成水　　C. 苯胺　　　　D. 乙酰苯胺

19. 测定样品熔点时,若升温速度太快,将导致测定结果(　　)。

A. 熔程偏短　　B. 熔程偏长　　　C. 不影响　　　D. 无法确定

20. 用 b 形管或可视熔点仪测定熔点时,样品装填的高度为(　　)。

A. 2～3mm　　B. 4～5mm　　　C. 6～7mm　　　D. 长短不影响

21. 用毛细管法测定熔点时,在接近熔点时的升温速度为(　　)。

A. 1～2℃　　　B. 2～3℃　　　　C. 3～4℃　　　　D. 4～5℃

22. 用分液漏斗洗涤粗产物,在最后一次振摇静置后有机相在上层,水相在下层,此

后正确的操作是( )。

A. 从旋塞放出水层,宁可多放半滴,然后将有机相从上口倒入干燥的锥形瓶中

B. 从旋塞放出水层,宁可少放半滴,然后将有机相从上口倒入干燥的锥形瓶中

C. 从旋塞放出水层,宁可少放半滴,更换接收瓶,再将上层从活塞放入干燥的锥形瓶中

D. 从旋塞放出水层,宁可多放半滴,更换接收瓶,再将上层从活塞放入干燥的锥形瓶中

23. 重结晶时,常加入活性炭脱色,加入活性炭的正确操作是( )。

A. 溶液沸腾时加入　　　　　　　B. 固体物溶解后,移去热源,稍冷后加入

C. 与待重结晶物一起加入　　　　D. 什么时候加都可以

24. 减压蒸馏不能使用下列哪种玻璃仪器( )。

A. 圆底烧瓶　　　B. 梨形烧瓶　　　C. 克氏蒸馏瓶　　　D. 锥形瓶

25. 重结晶提纯固体有机物时,一般杂质含量少于( )时纯化效果较好。

A. 5%　　　　　　B. 10%　　　　　C. 15%　　　　　D. 20%

26. 干燥未知液体时,通常选择的干燥剂是( )。

A. 无水氯化钙　　B. 碳酸钾　　　　C. 金属钠　　　　D. 无水硫酸钠

27. 干燥 2-甲基-2-己醇粗产品时,应使用下列哪一种干燥剂( )。

A. 无水氯化钙　　B. 无水硫酸钠　　C. 金属钠　　　　D. 氢化钙

28. 金属钠在实验室中的用途是( )。

A. 作为还原剂和脱质子剂　　　　B. 引发酯缩合反应

C. 干燥某些有机溶剂　　　　　　D. 以上都是

29. 某手性化合物的比旋光度为+90°,则该化合物的构型为( )。

A. R 型　　　　　B. D 型　　　　　C. S 型　　　　　D. 不能判断

30. 在红外光谱分析中,采用 KBr 压片法制备样品是因为( )。

A. KBr 晶体在 $4000 \sim 400 cm^{-1}$ 范围内不会散射红外光

B. KBr 晶体在 $4000 \sim 400 cm^{-1}$ 范围内有良好的红外吸收特性

C. KBr 晶体在 $4000 \sim 400 cm^{-1}$ 范围内无红外吸收

D. KBr 晶体在 $4000 \sim 400 cm^{-1}$ 范围内对红外无反射

31. 采用 KBr 压片法制备红外光谱样品时,样品和 KBr 的质量比大约为( )。

A. 1:1000　　　　B. 1:200　　　　C. 1:50　　　　　D. 1:1

32. 关于实验室的防火措施,下列叙述中不正确的是( )。

A. 不能在敞口容器中加热和旋转易燃、易挥发的化学药品

B. 尽量防止或减少易燃气体的外逸,处理和使用易燃物时,应远离火源,注意室内通风,及时将气体排出

C. 易燃、易挥发的废物须倒入废液缸和垃圾桶中

D. 一旦着火,首先应立即切断电源,移走易燃物,然后根据易燃物的性质和火势采取适当的方法进行扑救

33. 下列关于实验室防爆的措施和方法,不正确的是( )。

A. 在安装实验装置之前,要先检查玻璃仪器是否有破损

B. 常压蒸馏或反应时,实验装置要密闭起来进行加热或反应

C. 减压蒸馏时,不能用不耐压的薄壁玻璃仪器进行实验

D. 无论是常压蒸馏还是减压蒸馏,均不能将液体蒸干

34. 下列关于实验室预防中毒的措施和方法,不正确的是(　　)。

A. 中毒主要是通过呼吸道和皮肤接触有毒物品而对人体造成危害

B. 称量药品时应使用工具,不得直接用手接触,做完实验后应洗净双手再吃东西

C. 若发生中毒现象,应及时离开现场,到通风好的地方

D. 反应过程产生的有毒气体,因为量少,所以没有必要加气体吸收装置

35. 下列关于预防灼伤的描述与处理,不正确的是(　　)。

A. 被酸灼伤时,先用大量的水冲洗,然后用 1％～3％氢氧化钠溶液清洗,最后涂上烫伤膏

B. 使用油浴加热时,要防止水溅入油浴内

C. 被热水烫伤后一般在患处涂上红花油,然后擦烫伤膏

D. 为避免皮肤接触高温、低温或腐蚀性物质后的灼伤,最好戴橡胶手套和防护眼镜

36. 根据国家和有关部门颁布的标准,化学试剂按其纯度和杂质含量的高低不同分为四个等级,下列英文标志属于分析纯的是(　　)。

A. GR　　　　　　　B. AR　　　　　　　C. CP　　　　　　　D. LR

37. 下列关于标准口仪器使用的注意事项中,错误的是(　　)。

A. 标准口塞应经常保持清洁,使用前宜用软布擦拭干净,但不能附上棉絮

B. 一般使用时,磨口处无须涂润滑剂,以免污染反应物或产物

C. 减压蒸馏时,应在磨口连接处涂真空润滑油脂,保证装置密封性好

D. 用后应立即拆卸,不用清洗

38. 进行回流操作时,下列操作方法与描述不正确的是(　　)。

A. 用挥发性的有机溶剂做重结晶实验,在加热溶解操作时,要加回流装置

B. 根据烧瓶内液体的沸腾温度,140℃以下采用球形冷凝管,且回流不超过一个球

C. 若回流反应过程需要无水无氧环境,冷凝管上端加盖塞子,与外界隔绝

D. 若反应过程中产生有毒的气体,冷凝管上端应加吸收装置

39. 在有机化学实验中,常常需要对体系进行降温冷却,下列冷却方法中,能使体系温度降得最低的是(　　)。

A. 冰水浴冷却法　　B. 冰盐浴冷却法　　C. 液氮冷却法　　D. 干冰冷却法

40. 对有机液体物质进行干燥,下列操作与描述不正确的是(　　)。

A. 应当将被干燥的液体中的水分尽可能分离干净,不应有任何可见的水层

B. 将液体置于干燥的锥形瓶中,用药勺取适量的干燥剂放入液体中,加塞振荡片刻,如果发现干燥剂附着在瓶壁上且互相黏结,表明干燥剂不够

C. 干燥剂颗粒越细,干燥效果越好

D. 经干燥后,液体若由浑浊变澄清,表明液体中的水分已基本除去

41. 下列关于分液漏斗的操作描述,不正确的是(　　)。

A. 使用前先检查分液漏斗的盖子和活塞是否漏水

B. 分液漏斗振荡后,应注意及时旋开活塞,放出气体,使内外压强平衡

C. 待两层液体完全分开后,将活塞缓缓旋开,下层液体自活塞放出

D. 分液漏斗使用后,应洗涤干净并用纸条包住活塞和盖子

42. 硅胶是薄层色谱中最常用的吸附剂,下列硅胶中既含有荧光物质,又含有黏合剂煅石膏的是(　　　)。

A. 硅胶 H　　　　　B. 硅胶 G　　　　　C. 硅胶 HF_{254}　　　　D. 硅胶 GF_{254}

43. 在重结晶实验时,关于使用活性炭脱色的注意点,不正确的是(　　　)。

A. 用量根据杂质颜色而定,一般用量为固体质量的 1％～5％,煮沸 5～10min

B. 不能向正在沸腾的溶液中加入活性炭,以免溶液暴沸

C. 活性炭对水溶液脱色效果较好,对非极性溶液脱色效果较差

D. 如发现趁热过滤后的滤液中有活性炭,表明实验失败,应从头开始重做

44. 在苯甲酸的碱性溶液中,含有(　　　)杂质时,可用水蒸气蒸馏方法除去。

A. $MgSO_4$　　　B. CH_3COONa　　　C. C_6H_5CHO　　　D. $NaCl$

45. 久置的苯胺呈红棕色,用(　　　)方法精制。

A. 过滤　　　　B. 活性炭脱色　　　C. 蒸馏　　　　D. 水蒸气蒸馏

46. 减压蒸馏操作前,需估计在一定压强下蒸馏物的(　　　)。

A. 沸点　　　　B. 形状　　　　C. 熔点　　　　D. 溶解度

47. 在由环己醇氧化制备环己酮的实验中,在粗产品环己酮中加入饱和食盐水的目的是(　　　)。

A. 增加重量　　B. 增加 pH 值　　C. 便于分层　　D. 便于蒸馏

48. 减压蒸馏时,加热的顺序是(　　　)。

A. 先减压再加热　　B. 先加热再减压　　C. 同时进行　　D. 无所谓

49. 1-溴丁烷的制备中,第一次水洗的目的是(　　　)。

A. 除去硫酸　　B. 除去氢氧化钠　　C. 增加溶解度　　D. 进行萃取

50. 在进行薄层色谱操作时,R_f 值比较大,则该化合物的极性(　　　)。

A. 大　　　　B. 小　　　　C. 差不多　　　　D. 以上都不对

51. 用无水氯化钙作干燥剂时,适用于(　　　)类有机物的干燥。

A. 醇、酚　　　B. 胺、酰胺　　　C. 醛、酮　　　D. 烃、醚

52. 蒸馏沸点在 130℃ 以上的物质时,需选用(　　　)冷凝管。

A. 空气　　　　B. 直形　　　　C. 球形　　　　D. 蛇形

53. 用溴化钠、正丁醇和浓硫酸制备 1-溴丁烷时,先将浓硫酸加水稀释,其中加水可能原因是(　　　)。

A. 防止反应时产生大量的泡沫　　　B. 减少副产物醚、烯的生成

C. 减少 HBr 被浓硫酸氧化生成 Br_2　　　D. 增加溴化钠的溶解度,以促进反应

54. 萃取时常常会出现乳化现象,下列方法不适宜破坏乳化现象的是(　　　)。

A. 加少量乙醇　　　　　　　　B. 加少量稀酸

C. 加少量的电解质(如食盐)　　　D. 用力振荡

55. 在重结晶操作中,如果趁热过滤后的溶液不结晶,下列哪种方法不适合用来加速结晶(   )。

　　A. 投晶种　　　　　　　　　　　　　　B. 冷却

　　C. 振荡　　　　　　　　　　　　　　　D. 用玻璃棒摩擦器壁

56. 下列溶剂的极性大小顺序正确的是(   )。

　　A. 石油醚>甲苯>氯仿>丙酮　　　　　B. 甲苯>石油醚>氯仿>丙酮

　　C. 石油醚>丙酮>氯仿>甲苯　　　　　D. 丙酮>氯仿>甲苯>石油醚

57. 多组分液体有机物各组分的沸点相近时,最适宜的分离方法是(   )。

　　A. 蒸馏　　　　　B. 分馏　　　　　C. 减压蒸馏　　　　　D. 萃取

58. 测固体熔点时,测定结果偏高,可能原因是(   )。

　　A. 试样中含有杂质　　　　　　　　　B. 测定时温度上升太慢

　　C. 试样未干燥　　　　　　　　　　　D. 所用毛细管壁太厚

二、填空题

1. 测定熔点使用的熔点管(装试样的毛细管)一般外径为_____,长约_____;装试样的高度约为_____,要装得_____和_____;当一个化合物含有杂质时,其熔点会_____,熔程会_____。

2. 减压过滤(抽滤)的优点有:(1) _____;(2) _____;(3) _____。

3. 液体有机物干燥前,应将被干燥液体中的_____尽可能_____,不应见到有_____;操作时,一般在_____中进行,干燥前液体呈_____,经干燥后变_____,这可简单地作为水分基本除去的标志。

4. 蒸馏时,如果馏出液易受潮分解,可以在接收器上连接一个_____,以防止_____的侵入。如果加热后才发现没加沸石,应立即_____,待_____后再补加,否则会引起_____。

5. 减压蒸馏操作中使用磨口仪器,应该将_____部位仔细涂油;操作时必须先_____后才能进行_____蒸馏,不允许边_____边_____;在蒸馏结束以后应该先停止_____,再使_____,然后才能_____。

6. 在减压蒸馏装置中,氢氧化钠塔用来吸收_____和_____,活性炭塔和块状石蜡用来吸收_____,氯化钙塔用来吸收_____。

7. 减压蒸馏前,应该将混合物中的_____在常压下首先_____除去,防止大量_____进入吸收塔,甚至进入_____,降低_____的效率。

8. 水蒸气蒸馏是用来分离和提纯有机化合物的重要方法之一,常用于下列情况:(1) 混合物中含有大量的_____;(2) 混合物中含有_____物质;(3) 在常压下蒸馏会发生_____的_____有机物质。

9. 对于沸点相差不大的有机混合液体,要获得良好的分离效果,通常采用_____方法,该方法的本质是混合物在内进行多次_____和_____。

10. 薄层吸附色谱中常用的吸附剂有_____和_____;其中_____适用于极性较大的酸性和中性化合物的分离。

11. 实验室经常使用的冷凝管有_____、_____和_____;其中,_____一般用于合成实验的_____操作,_____一般用于沸点低于_____的液体有机物的_____操作。

12. 乙酸乙酯粗品用饱和碳酸钠洗过后,紧接着用饱和氯化钙溶液洗涤,可能产生_____现象,正确的操作是_____。

13. 在硝酸氧化环己醇制备己二酸的装置中,安装恒压滴液漏斗和温度计的目的是_____,尾气吸收装置中发生反应的方程式为_____。

三、判断题(正确画√,不正确画×)

1. 测熔点时,在低于被测物质熔点 10～20℃时,加热速度控制在每分钟升高 5℃为宜。   (   )

2. 测定熔点时,样品研得不细或装得不紧密,测得的熔点数值偏低。   (   )

3. 利用活性炭进行脱色时,其用量一般需控制在 1%～5%。   (   )

4. 油类物质着火时,可用砂或泡沫灭火器来灭火。   (   )

5. 吸入毒气中毒时,要将中毒者移至室外,揭开衣领及纽扣,必要时做人工呼吸并送医院治疗。   (   )

6. 分馏相当于连续多次的蒸馏,其实质是利用分馏柱将多次汽化—冷凝过程在一次操作中完成。   (   )

7. 乙酸乙酯制备过程中用到回流装置、蒸馏装置和减压蒸馏装置。   (   )

8. 在水蒸气蒸馏实验中,当馏出液澄清透明时,一般可停止蒸馏。   (   )

9. 在肉桂酸的制备实验中,水蒸气蒸馏的目的是蒸出肉桂酸。   (   )

10. 依照分配定律,既能节省溶剂又能提高萃取效率的方法是用一定量的溶剂一次加入进行萃取。   (   )

11. 在进行常压蒸馏或回流反应时,为防止反应物或产物损失,应使装置处于密闭状态,避免与大气相通。   (   )

12. 在薄层吸附色谱中,当展开剂沿薄板上升,被固定相吸附能力小的组分移动慢。
                                                                   (   )

13. 蒸馏操作中,加热后有馏出液出来时,发现冷凝管未通水,应马上通水防止产品损失。   (   )

14. 萃取操作中,每隔几秒需将分液漏斗倒置,打开活塞,目的是使内外气压平衡。
                                                                   (   )

15. 乙酸乙酯制备的精制实验中,蒸馏物为乙酸乙酯和干燥剂,所用仪器需干燥。
                                                                   (   )

16. 在合成正丁醚时,分水器中应事先加入一定量的水,以保证未反应的正丁醇顺利返回烧瓶中,而产物正丁醚则留在分水器中。   (   )

17. 用蒸馏法测定沸点,温度计的位置、烧瓶内装被测化合物的多少、馏出物的馏出速度都会影响测定的准确性。   (   )

18. 对于稳定性好、熔点较高且无腐蚀性的固体样品,可将其摊开在滤纸上,置于烘箱中进行干燥。   (   )

19. 旋转蒸发器可一次进料,也可分次进料,不用加沸石,可在常压或减压下快速蒸发回收有机溶剂。 （　　）

20. 用机械泵进行减压蒸馏时,泵和体系之间应安装气体吸收设备,以免挥发性溶剂、水和酸性气体腐蚀油泵。 （　　）

21. 分流漏斗使用完毕后,必须用水冲洗干净,顶塞和旋塞应用纸条夹好,放入烘箱中干燥备用。 （　　）

22. 减压蒸馏前,先进行常压蒸馏蒸去低沸点的组分,当减压过程中出现异常情况时,应先停止减压。 （　　）

23. 水蒸气蒸馏过程中,若水蒸气蒸出速率不快,导致烧瓶内液体过多,可对烧瓶进行加热来加快蒸馏速度。 （　　）

四、简答题

1. 在有机实验中分液漏斗是很常用的仪器,请简述分液漏斗的用途、使用和保养方法。

2. 什么是萃取? 什么是洗涤? 两者有何异同点?

3. 重结晶的一般过程是什么?

4. 选择重结晶溶剂时,应考虑哪些因素?

5. 重结晶实验的溶剂往往通过试验方法来选择,请简述试验方法。

6. 使用低沸点有机溶剂(如乙醇)进行重结晶时,在加热溶解样品过程中应注意哪些事项?

7. 测定熔点时,常用的载热液有哪些? 如何选择?

8. 是否可以使用第一次测定熔点时已经熔化了的试料使其固化后做第二次测定? 为什么?

9. 测定熔点时,遇到下列情况将产生什么结果:
(1)熔点管壁太厚;(2)熔点管不洁净;(3)样品研得不细或装得不实;(4)加热太快;(5)第一次熔点测定后,立即进行第二次;(6)温度计歪斜或熔点管与温度计不服帖。

10. 蒸馏装置中,温度计应放在什么位置? 如果位置过高或过低会有什么影响? 蒸馏时加热的快慢,对实验结果有何影响? 为什么?

11. 当加热后已有馏分出来时才发现冷凝管没有通水,怎么处理?

12. 乙醚是常用的有机溶剂,实验室在使用或蒸馏乙醚时,应注意哪些问题?

13. 沸石(即止暴剂或助沸剂)为什么能止暴? 如果加热后才发现没加沸石怎么办? 由于某种原因中途停止加热,再重新开始蒸馏时,是否需要补加沸石? 为什么?

14. 水蒸气蒸馏装置主要由几大部分组成? 怎样判断水蒸气蒸馏操作是否结束?

15. 什么情况下采用水蒸气蒸馏? 用水蒸气蒸馏的物质应具备什么条件?

16. 何谓减压蒸馏? 在什么情况下使用? 减压蒸馏装置由哪些仪器、设备组成,各起什么作用?

17. 何谓分馏? 它的基本原理是什么?

18. 有机实验中,什么时候利用回流反应装置? 为什么回流装置采用球形冷凝管? 怎样操作回流反应装置?

19. 学生实验中经常使用的冷凝管有哪些? 各用在什么地方?

20．有机实验中有哪些常用的冷却介质？应用范围如何？

21．有机实验中,有哪些间接加热方式？应用范围如何？

22．如何除去液体化合物中的有色杂质？如何除去固体化合物中的有色杂质？

23．遇到磨口粘住时,怎样才能安全地打开连接处？

24．什么时候用气体吸收装置？如何选择吸收剂？

25．用羧酸和醇制备酯的合成实验中,为了提高酯的收率和缩短反应时间,应采取哪些主要措施？

26．乙酸乙酯制备中蒸出的粗产物中有哪些杂质？如何一一除去？

27．用 $MgSO_4$ 干燥粗乙酸乙酯,如何掌握干燥剂的用量？

28．1-溴丁烷的制备中,当回流反应结束后,要把生成的 1-溴丁烷完全蒸馏出来,如何判断 1-溴丁烷是否完全蒸馏出来？馏出液中 1-溴丁烷通常应在下层,但有时可能出现在上层,为什么？若遇此现象如何处理？

29．在 1-溴丁烷的制备实验中,各步洗涤的目的是什么？

30．在乙醚制备实验中,在用氢氧化钠溶液洗涤乙醚粗产物之后,为什么不直接用饱和氯化钙溶液洗涤,而先用饱和的氯化钠溶液洗涤？

31．苯乙酮制备实验的关键是什么？反应完成后为什么用冰和浓盐酸来处理粗产物？

32．在肉桂酸制备实验中,用水蒸气蒸馏是除去何物？接着加 10% 氢氧化钠溶液起什么作用？最后加浓盐酸至显酸性又是什么目的？

33．苯甲醛和丙酸酐在无水 K_2CO_3 存在下,相互作用得到什么产物？

34．制备己二酸时,为什么必须严格控制滴加环己醇的速度和反应的温度？

35．Claisen 酯缩合反应的催化剂是什么？在乙酰乙酸乙酯制备实验中,其为什么可以用金属钠代替？

36．在乙酰水杨酸(阿司匹林)制备实验中,可能的副产物是什么？如何除去副产物？可能的杂质是什么？它是怎样带入的？如何检验杂质存在？

37．以苯甲醛为原料,采用康尼查罗(Cannizzaro)反应制备苯甲酸和苯甲醇,试简述如何从反应后的混合液中分离纯化得到苯甲酸和苯甲醇两种产物？

38．制备重氮盐时(如制备氯化重氮苯),为什么要在强酸性介质、酸适当过量且低温的条件下进行？

39．根据你做过的实验,总结一下在什么情况下需用饱和食盐水洗涤有机液体？

五、画装置及改错

1．请指出以下装置中的错误之处。

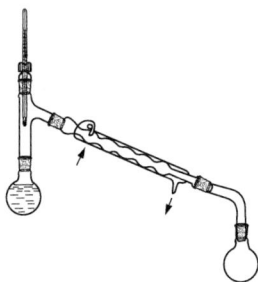

2. 下图是 b 形管熔点测定装置,请指出图中的错误,并说明理由。

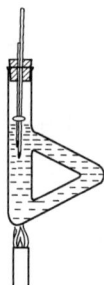

3. 画出水蒸气蒸馏装置图。

4. 画出制备己二酸的反应装置图。

5. 某一制备反应,要求边滴加一种反应物边蒸馏出粗产物,反应温度维持在 130~140℃,产物为低沸点易挥发液体,请画出该制备装置图。

6. 某一合成反应,一种反应物需滴加下去,滴加完,反应需要加热回流 0.5h。反应中有 NO_2 气体放出。请画出这个反应所需的装置图。

7. 某一制备反应,一种反应物为金属单质(片状小段,不溶于另一种有机反应物),液态有机反应需要边滴加边搅拌边反应,且有氯化氢气体生成,滴加完毕后,再需回流反应 0.5h,产物极易水解,请画出该制备装置图。

8. 某一制备为可逆反应,除产物外还有水生成,液态的产物和反应物均不溶于水且密度小于水,反应温度维持在 135~140℃。为了得到更多的产物,请画出该制备装置图。

六、计算题

1. 实验室制备 1-溴丁烷,用去浓硫酸 0.22mol,正丁醇 0.08mol,溴化钠 0.10mol,得到产品 6.5g,请计算其产率(溴原子量:80)。

2. 2-甲基-2-丁醇的制备原理如下:

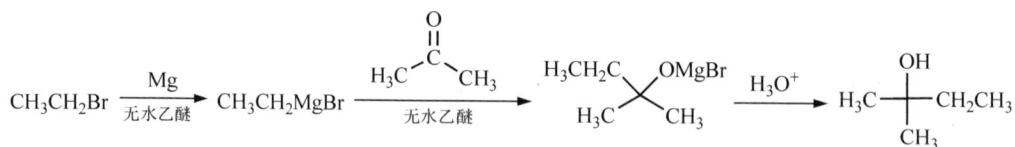

制备时,用去 1.8g 镁、0.13mol 溴乙烷和 0.07mol 丙酮,得到 4.2g 产品,请计算其产率(镁原子量:24)。

实验习题参考答案

一、选择题

1. B 2. B 3. B 4. C 5. A 6. D 7. C 8. D 9. D 10. B 11. A 12. A
13. C 14. D 15. B 16. B 17. A 18. B 19. B 20. A 21. A 22. A 23. B
24. D 25. A 26. D 27. B 28. D 29. D 30. C 31. C 32. C 33. C 34. D
35. A 36. B 37. D 38. C 39. C 40. C 41. C 42. D 43. D 44. C 45. B
46. A 47. C 48. A 49. D 50. B 51. D 52. A 53. C 54. D 55. C 56. D
57. B 58. D

二、填空题

1. 1～1.2 mm 6～9cm 2～3 mm 均匀 紧密 下降 变宽

2. （1）加快过滤 （2）对固体进行洗涤 （3）对固体进行初步干燥

3. 水分 分离干净 水层或水珠 锥形瓶 浑浊不透明 澄清透明

4. 干燥管 空气中的水分 停止加热 液体冷却到室温 暴沸

5. 磨口接口 减压到所需压力 加热 减压 加热 加热 系统恢复常压 关闭减压泵和冷凝水

6. 酸性蒸气 水蒸气 有机物蒸气 水蒸气

7. 低沸点组分 蒸馏 挥发性有机物 油泵 油泵抽真空

8. （1）树脂状杂质或不挥发杂质 （2）被吸附的液体 （3）氧化分解 高沸点

9. 分馏 分馏柱 汽化冷凝

10. 硅胶 氧化铝 硅胶

11. 直形冷凝管 球形冷凝管 空气冷凝管 球形冷凝管 回流 直形冷凝管 140℃ 蒸馏

12. 沉淀浑浊 先用饱和食盐水洗涤除去残留的碳酸钠再用氯化钙溶液洗涤

13. 控制反应的速度和观察反应的温度 $2NaOH + 2NO_2 == NaNO_3 + NaNO_2 + H_2O$

三、判断题

1. √ 2. × 3. √ 4. × 5. √ 6. √ 7. × 8. √ 9. × 10. ×
11. × 12. × 13. × 14. √ 15. × 16. × 17. √ 18. × 19. √ 20. √
21. × 22. × 23. √

四、简答题

1. 分液漏斗主要用途：①分离两种分层而不发生反应的液体；②从溶液中萃取某种成分；③用水、酸或碱等溶剂洗涤产品；④可以代替滴液漏斗滴加液体试剂。

分液漏斗使用方法：

①检查分液漏斗的顶塞和活塞有没有用橡皮筋绑好，活塞表面应涂一薄层凡士林

(不要抹在活塞孔中,顶塞不能涂凡士林);② 分液漏斗放置在铁架台的铁环上,关闭活塞并在颈下放一个锥形瓶,从分液漏斗上口倒入溶液与溶剂(总体积应不超过漏斗容积的2/3),然后盖紧顶塞并封闭气孔;③ 取下分液漏斗,右手捏住漏斗上口颈部,并用食指根部(或手掌)顶住顶塞,左手大拇指、食指按住处于上方的旋塞把手,开始振荡要慢,振摇几次后,用拇指和食指旋开活塞放气,如此重复至放气时无明显气体放出,然后再将漏斗放回铁圈中静置;④ 待两层液体界面清晰时,缓缓旋开旋塞,放出下层液体,上层液体从上口倒出。

分液漏斗保养方法:

分液漏斗使用完毕后,必须用水冲洗干净,顶塞、旋塞应用薄纸条夹好,以防粘住。当分液漏斗需放入烘箱中干燥时,应先卸下顶塞与旋塞,上面的凡士林必须用纸擦挣,否则凡士林在烘箱中炭化后,很难洗去。

2. 萃取是从混合物中抽取所需要的物质;洗涤是将混合物中不需要的物质除掉。萃取和洗涤均是利用物质在不同溶剂中的溶解度不同来进行分离操作,二者在原理上是相同的,只是目的不同,即从混合物中提取所需要的物质的操作叫萃取,除掉不需要的物质叫洗涤。

3. 重结晶操作的一般过程:

选择溶剂→溶解样品→除去杂质→冷却结晶→晶体收集和洗涤→晶体干燥。

4. 应根据下列条件选择溶剂:① 不与被提纯物质起化学反应;② 被提纯的有机化合物应易溶于热溶剂中,而在冷溶剂中几乎不溶;③ 对杂质的溶解度非常大或非常小;④ 能给出较好的结晶;⑤ 溶剂的沸点高于被提纯物的熔点,且易挥发,易除去;⑥ 价廉易得,毒性低,回收率高,操作安全。

5. 取 0.1g 固体样品置于小试管中,用滴管逐滴加入 1～4mL 溶剂,振荡,若室温下样品大部分不溶,而在沸腾溶剂中全部溶解,冷却时能析出大量晶体,表明此溶剂是合适的。

6. 应注意:① 选用小口仪器(如锥形瓶)。因为瓶口小,溶剂不易挥发,且便于振摇使固体溶解。② 采用水浴或电热套加热,严禁用明火直接加热。③ 锥形瓶上必须装上回流冷凝管,防止溶剂挥发。

7. 浴液一般用液状石蜡、浓硫酸和硅油等,如果测定熔点在 140℃ 以下,最好用液状石蜡或甘油,140℃ 以上用浓硫酸。

8. 不可以,因为第一次测定后的样品,可能分解变质。

9. (1)(3)(4)(5)(6) 测得的熔点偏高,(2) 测得的熔点偏低。

10. 温度计水银球上端与蒸馏头支管的下端在同一水平线上。水银球偏高则引起温度测量值偏低,反之,则偏高。蒸馏时加热太快,测定温度偏高,馏分不纯;太慢,则温度测不准,实验时间长。

11. 停止加热,冷却后,将馏分倒回瓶中,并加少许沸石,通冷凝水,再加热蒸馏。

12. 使用或蒸馏乙醚时,应注意:

① 实验台附近严禁有明火,因乙醚容易挥发和燃烧,与空气混合到一定比例即发生爆炸;

② 蒸馏乙醚时,装置严密不漏气,只能用水浴加热,接收瓶要用冰水冷却,尾接管拉接上橡皮管引入水槽或室外;

③ 蒸馏保存较久的乙醚前,先检验是否含有过氧化物,可用淀粉碘化钾试纸,若变蓝色,表明含有过氧化物,加入硫酸亚铁溶液,剧烈振动后分去水层即可除去过氧化物。

13. 沸石是把未上釉的瓷片敲碎成小颗粒,当液体加热到沸点时,沸石能产生细小的气泡,成为沸腾中心。冷却后现补加沸石。需要补加沸石,因为一旦停止沸腾,原有的沸石即失效。

14. 水蒸气蒸馏装置由水蒸气发生器、蒸馏部分、冷凝部分和接收器组成。当馏出液澄清透明,不含有油珠状的有机物时,即可停止蒸馏。

15. 下列情况可采用水蒸气蒸馏:① 混合物中含有大量的固体或焦油状物质,通常的蒸馏、过滤、萃取等方法都无法分离;② 在常压下蒸馏会发生分解的高沸点有机物质。

用水蒸气蒸馏的物质应具备下列条件:① 随水蒸气蒸出的物质不溶或难溶于水,且在沸腾下与水长时间共存而不起化学反应;② 随水蒸气蒸出的物质,应在比该物质的沸点和水的沸点低得多的温度下即可蒸出。

16. 当蒸馏系统内的压力降低后,其沸点便降低,使得液体在较低的温度下汽化而逸出,继而冷凝成液体,然后收集在一容器中,这种在较低的压力下进行蒸馏的操作称为减压蒸馏。

某些沸点较高的有机化合物在常压下加热还未达到沸点时便会发生分解、氧化或聚合的现象而不能采用简单蒸馏时,适用减压蒸馏。

减压蒸馏装置组成及其作用:① 蒸馏部分,将液体汽化;② 安全瓶,用来调节系统压力及放气;③ 测压计,测量系统压力;④ 吸收装置,保护油泵;⑤ 减压泵,抽气降压。

17. 分馏是在分馏柱中对液体混合物进行多次蒸馏的过程。当混合物的蒸气进入分馏柱时,由于柱外空气的冷却,蒸气中高沸点组分被冷却为液体回流,导致上升的蒸气中低沸点组分相对增多,冷凝液中含有较多的高沸点成分。高沸点的冷凝液在回流途中遇到上升的蒸气,两者进行热交换,结果上升蒸气中的高沸点组分又被冷凝下来,低沸点蒸气继续上升,如此在分馏柱内反复进行着汽化—冷凝—回流等程序,使得低沸点的组分不断上升最后被蒸出来,高沸点组分则不断流回烧瓶中,最终可将沸点不同的物质分离出来。

18. 在室温下,反应强烈放热、物料沸点低或反应速率很小或难以进行,为了使反应尽快进行,需要使反应物较长时间地保持沸腾,此时需要用回流装置。回流装置采用球形冷凝管,是因为球形冷凝管的表面积大,冷凝效果好。操作时,将反应物加入圆底烧瓶中,直立的球形冷凝管中自下至上通入冷水,使夹套充满水,水流不必太快,能使蒸气充分冷凝即可,加热的程度以使蒸气上升的高度不超过冷凝管的1/3为宜。

19. 经常使用的冷凝管有:直形冷凝管、球形冷凝管、空气冷凝管和刺形冷凝管(分馏柱)等。直形冷凝管一般用于沸点低于140℃的液体有机物的沸点测定和蒸馏操作中;沸点大于140℃的有机物的蒸馏可用空气冷凝管;球形冷凝管一般用于回流反应装置中(因其冷凝面积较大,冷凝效果好);刺形分馏柱用于精馏操作中,即用于沸点差别不太大的液体混合物的分离操作中。

20. ① 冰—水混合物:0～5℃;② 冰—盐混合物:—5～—18℃;③ 干冰:可冷至

－66℃以下;④ 液氮:可冷至－197℃。

21. ① 空气浴:沸点在80℃以上的液体加热;② 水浴:加热温度不超过100℃;③ 油浴:适用于100～250℃;④ 砂浴:可加热到350℃;⑤ 电热套:最高可达400℃。

22. 利用加活性炭加热煮沸脱色,然后趁热过滤,将滤液冷却即可。先将固体化合物用适当溶剂溶解,然后用活性炭加热脱色,趁热过滤,冷却结晶,过滤、洗涤、干燥即可。

23. 可采取下列措施:① 将磨口竖立,往上面缝隙间滴几滴甘油;② 用热风吹,用热毛巾包裹,或小心用灯焰烘烤磨口部几秒钟;③ 将黏结的磨口仪器放在水中逐渐煮沸;④ 用木板沿磨口轴线方向轻轻地敲外磨口的边缘。

24. 在反应过程中会产生有毒有害的气体,或反应时有通入反应体系而没有完全反应的有毒气体,需加气体吸收装置。吸收剂本身不是有毒有害物质,能与产生的有害气体反应转化为液体或固体物质。如用用水吸收卤化氢;用碱液吸收氯气和酸性气体等。

25. 酯化反应为可逆反应,可通过加热和用浓硫酸作催化剂来缩短反应的时间,为了提高酯的收率,应使平衡向右移动,故实验时,采取:① 边反应边滴加羧酸;② 控制好反应温度,使生成的酯蒸馏出来,离开反应体系。

26. 蒸出的粗产物有乙酸、乙醇和水,除杂过程为:加饱和碳酸钠溶液(除酸)→分液→加饱和食盐水→分液→加饱和氯化钙(除醇)→分液→水洗涤→分液→加无水硫酸镁(除水)。

27. 粉末状的无水硫酸镁无结团、附壁现象,同时被干燥液体已由浑浊变得清亮,则说明干燥剂用量已足。

28. 1-溴丁烷粗品是否蒸完,可从以下三种方法来判断:① 蒸馏瓶中上层油层消失;② 馏出液由浑浊变为澄清;③ 用盛有少量清水的小烧杯收集几滴馏出液,无油珠出现。

若粗产物中未反应的正丁醇较多,或蒸馏过久蒸出一些氢溴酸共沸液,油层可能在上层。如遇到此现象,可加清水稀释,油层会下沉。

29. 加水洗涤(除氢溴酸)→浓硫酸(除未反应的正丁醇和生成醚)→加水(除残留硫酸)→饱和碳酸氢钠(除残留硫酸)→除残留碳酸氢钠→无水氯化钙(除水)。

30. 在用氢氧化钠溶液洗涤乙醚粗产物之后,会有少量的碱液残留在产物中,若此时直接用饱和氯化钙溶液洗涤,则有氢氧化钙沉淀产生,影响下步的洗涤和分离,因此用饱和氯化钙溶液先洗涤,既可以洗去残留的碱,又可以减少乙醚在水中的溶解而损失。

31. 苯乙酮制备的关键是所用的药品和仪器必须干燥无水,因为氯化铝易与水反应,从而失去其催化能力;用酸处理是为了分解苯乙酮与氯化铝形成的络合物,析出产物苯乙酮,同时防止氯化铝水解生成碱式铝盐沉淀,影响产物质量,由于分解络合物的反应是放热的,所以用冰水降温来促进分解。

32. 水蒸气蒸馏是为了除去未反应的苯甲醛,因为苯甲醛沸点高,直接蒸馏会使肉桂酸分解;接着加10%氢氧化钠溶液是为了使生成的肉桂酸完全转变为水溶性的羧酸盐,以便抽滤时除去不溶性的树脂状副产物;最后加盐酸使羧酸盐又变回不溶性的羧酸,与水分离。

33.
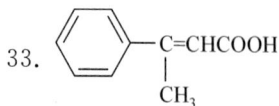

34. 因为反应是强烈的放热反应,环己醇加入太快,反应太热烈,可能引起爆炸,且反应温度高,易生成其他副产物。

35. Claisen 酯缩合反应的催化剂是乙醇钠强碱。制备乙酰乙酸乙酯的原料是乙酸乙酯,其中含有少量的乙醇,所以加入金属钠,可以生成催化剂乙醇钠。

36. 乙酰水杨酸制备的副产物是水杨酸之间脱水缩合生成的高聚物;加 10% 碳酸氢钠溶液使乙酰水杨酸转化为水溶性的钠盐,而高聚物不溶,抽滤除去高聚物,然后用酸中和钠盐生成不溶性的乙酰水杨酸;最可能的杂质是原料水杨酸,它是由于乙酰化反应不完全产生的或在分离操作中乙酰水杨酸水解带入的;取少量产品加乙醇溶解后,加几滴 1% 的氯化铁溶液,若出现紫色,说明含有水杨酸杂质。

37. 反应混合液先用乙醚萃取,萃取液用饱和亚硫酸氢钠溶液洗涤除去未反应的苯甲醛,加碳酸钠溶液将苯甲酸转化为水溶性的苯甲酸钠,用乙醚萃取苯甲醇,再经蒸馏除去乙醚,得到苯甲醇产物;萃取的水溶液加盐酸酸化,抽滤得另一产物苯甲酸。

38. 制备重氮盐时,用的是 $NaNO_2$,强酸性介质,一方面生成 HNO_2 来氧化芳胺生成重氮盐,另一方面生成的重氮盐在酸性介质中更稳定。适当过量的酸,可与未被重氮化的芳胺反应生成铵盐,从而防止重氮盐与未反应的伯芳胺发生偶合反应。反应温度较高,一方面 HNO_2 易分解,使重氮化不完全;另一方面,生成的重氮盐易水解成苯酚。

39. 在下列情况下,可用饱和食盐水洗涤有机液体:① 有机液体中杂质溶于水,而有机液体在水中溶解度较大;② 除去有机液体中可溶性无机盐、酸或碱;③ 比水密度大与小的两种有机液体萃取分液时,可用饱和食盐水作萃取剂。

五、画装置及改错

1. ① 烧瓶中液体超过容积的 2/3;② 温度计水银球位置在支管下面;③ 冷凝管选用球形;④ 冷凝水上进下出;⑤ 装置密闭没有与大气相通。

2. ① 样品毛细管没有紧贴温度计水银球(熔点不准);② 橡皮圈碰到浴液(橡皮熔化);③ 温度计没有位于两支管中间(浴液温度不稳定);④ 酒精灯在 b 形管底部加热(浴液温度不稳定)。

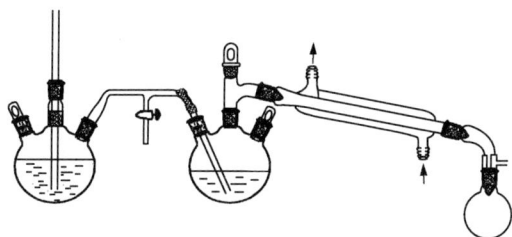

第 3 题

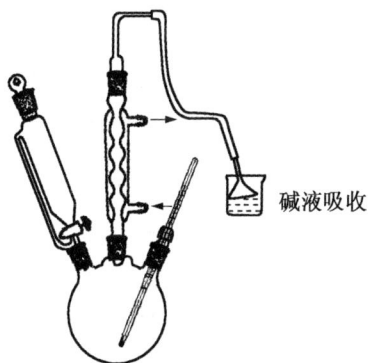

碱液吸收

第 4 题

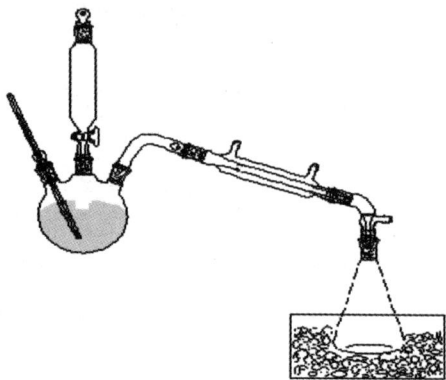

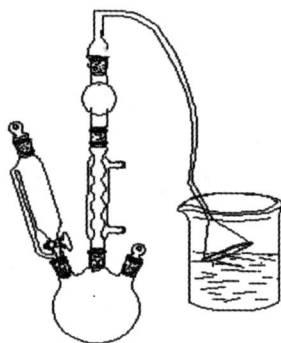

第 5 题　　　　　　　　　　　　　　　　第 6 题

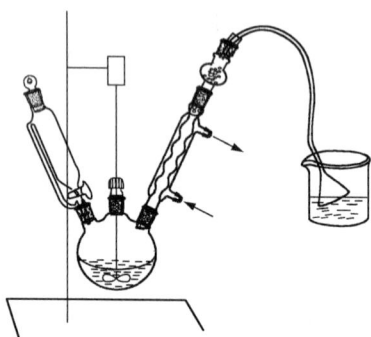

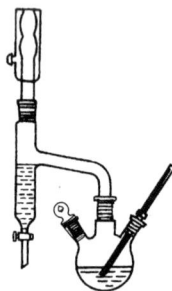

第 7 题　　　　　　　　　　　　　　　　第 8 题

六、计算题

1. 合成反应为

$$NaBr + H_2SO_4 \longrightarrow NaHSO_4 + HBr$$

$$HBr + CH_3CH_2CH_2CH_2OH \longrightarrow CH_3CH_2CH_2CH_2Br + H_2O$$

所以相关物质的反应关系比为

$$NaBr \longrightarrow H_2SO_4 \longrightarrow CH_3CH_2CH_2CH_2OH \longrightarrow CH_3CH_2CH_2CH_2Br$$

0.1mol　　　0.22mol　　　　0.08mol

故理论上生成 0.08mol 的产物，即 $0.08 \times 137 = 10.96(g)$。

$$产率 = \frac{6.5}{10.96} \times 100\% = 59.3\%$$

2. 根据合成原理，相关物质的关系为

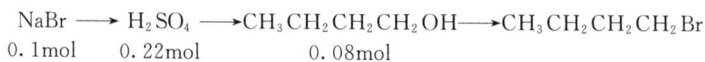

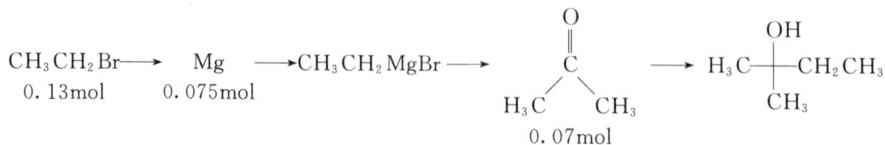

故理论上生成 0.07mol 的产物，即 $0.07 \times 88 = 6.16(g)$。

$$产率 = \frac{4.2}{6.16} \times 100\% = 68.2\%$$

附　　录

附录1　常见元素的相对原子质量

元素名称	相对原子质量	元素名称	相对原子质量	元素名称	相对原子质量	元素名称	相对原子质量
银 Ag	107.87	铬 Cr	51.996	碘 I	126.904	氧 O	15.999
铝 Al	26.98	铜 Cu	63.54	钾 K	39.10	磷 P	30.97
溴 Br	79.904	氟 F	18.998	镁 Mg	24.31	铅 Pb	207.19
碳 C	12.01	铁 Fe	55.847	锰 Mn	54.938	硫 S	32.06
钙 Ca	40.08	氢 H	1.008	氮 N	14.007	锡 Sn	118.69
氯 Cl	35.45	汞 Hg	200.59	钠 Na	22.99	锌 Zn	65.38

附录2　常见有机溶剂的沸点、相对密度和极性

名称	沸点/℃	相对密度 d_4^{20}	极性/D	名称	沸点/℃	相对密度 d_4^{20}	极性/D
甲醇	64.9	0.7914	6.6	苯	80.1	0.8787	3
乙醇	78.5	0.7893	4.3	甲苯	110.6	0.8669	2.4
正丁醇	117.2	0.8098	3.7	对二甲苯	138.3		2.5
乙醚	34.5	0.7137	2.9	氯仿	61.7	1.4832	4.4
丙酮	56.2	0.7899	5.4	四氯化碳	76.5	1.5940	1.6
乙酸	117.9	1.0492	6.2	二氯甲烷	40	1.3266	3.4
石油醚	30～60	0.816	0.01	环己烷	80.7	0.7786	0.1
四氢呋喃（THF）	67	0.8892	4.2	N,N-二甲基甲酰胺（DMF）	149-156	0.9487	6.4
二氧六环	101.7	1.0337	4.8	二甲基亚砜（DMSO）	189	1.1014	7.2
乙酸乙酯	77	0.9003	4	吡啶	115.5	0.9819	5.3

附录

附录3 常见共沸混合物的恒沸点和组成

1. 二元共沸混合物的恒沸点和组成

混合物的组分		760mmHg 时的沸点/℃		质量分数/%	
第一组分	第二组分	纯组分	共沸物	第一组分	第二组分
水		100			
水	甲苯	110.8	84.1	19.6	81.4
水	苯	80.2	69.3	8.9	91.1
水	乙酸乙酯	77.1	70.4	8.2	91.8
水	正丁酸丁酯	125	90.2	26.7	73.3
水	异丁酸丁酯	117.2	87.5	19.5	80.5
水	苯甲酸乙酯	212.4	99.4	84	16
水	2-戊酮	102.25	82.9	13.5	86.5
水	乙醇	78.4	78.1	4.5	95.5
水	正丁醇	117.8	92.4	38	62
水	异丁醇	108	90	33.2	66.8
水	仲丁醇	99.5	88.5	32.1	67.9
水	叔丁醇	82.8	79.9	11.7	88.3
水	苄醇	205.2	99.9	91	9
水	烯丙醇	97	88.2	27.1	72.9
水	甲酸	100.8	107.3(最高)	22.5	77.5
水	硝酸	86	120.5(最高)	32	68
水	氢碘酸	−34	127(最高)	43	57
水	氢溴酸	−67	126(最高)	52.5	47.5
水	盐酸	−84	110(最高)	79.76	20.24
水	乙醚	34.5	34.2	1.3	98.7
水	丁醛	75.7	68	6	94
水	三聚乙醛	115	91.4	30	70
乙酸乙酯		77.1			

混合物的组分		760mmHg 时的沸点/℃		质量分数/%	
第一组分	第二组分	纯组分	共沸物	第一组分	第二组分
乙酸乙酯	二硫化碳	46.3	46.1	7.3	92.7
己烷		69			
己烷	苯	80.2	68.8	95	5
己烷	氯仿	61.2	60.8	28	72
丙酮		56.5			
丙酮	二硫化碳	46.3	39.2	34	66
丙酮	异丙醚	69	54.2	61	39
丙酮	氯仿	61.2	65.5	20	80
四氯化碳		76.8			
四氯化碳	乙酸乙酯	77.1	74.8	57	43
环己烷		80.8			
环己烷	苯	80.2	77.8	45	55

2. 三元共沸混合物的恒沸点和组成

第一组分		第二组分		第三组分		沸点/℃
名称	质量分数/%	名称	质量分数/%	名称	质量分数/%	
水	7.8	乙醇	9	乙酸乙酯	83.2	70
水	4.3	乙醇	9.7	四氯化碳	86	61.8
水	7.4	乙醇	18.5	苯	74.1	64.9
水	7.0	乙醇	17	环己烷	76	32.1
水	3.5	乙醇	4	氯仿	92.5	55.5
水	7.5	异丙醇	18.7	苯	73.8	66.5
水	0.81	二硫化碳	75.21	丙酮	23.98	38.04
水	4	丙酮	38.4	氯仿	57.6	60.4
水	30.9	正丁醇	34.6	丁醚	34.5	90.6
水	3.1	叔丁醇	11.9	四氯化碳	85	64.7

附录 4　常见酸碱溶液的质量分数、相对密度和溶解度

1. 盐酸

HCl 质量分数/%	相对密度 d_4^{20}	HCl(g/100mL 水溶液)	HCl 质量分数/%	相对密度 d_4^{20}	HCl(g/100mL 水溶液)
1	1.0032	1.003	22	1.1083	24.38
2	1.0082	2.006	24	1.1187	26.85
4	1.0181	4.007	26	1.1290	29.35
6	1.0279	6.167	28	1.1392	31.90
8	1.0376	8.301	30	1.1492	34.48
10	1.0474	10.47	32	1.1593	37.10
12	1.0574	12.69	34	1.1691	39.75
14	1.0675	14.95	36	1.1789	42.44
16	1.0776	17.24	38	1.1885	45.16
18	1.0878	19.58	40	1.1980	47.92
20	1.0980	21.96			

2. 硫酸

H_2SO_4 质量分数/%	相对密度 d_4^{20}	H_2SO_4(g/100mL 水溶液)	H_2SO_4 质量分数/%	相对密度 d_4^{20}	H_2SO_4(g/100mL 水溶液)
1	1.0051	1.005	55	1.4453	79.49
2	1.0118	2.024	60	1.4983	89.00
3	1.0184	3.055	65	1.5533	101.0
4	1.0250	4.100	70	1.6105	112.7
5	1.0317	5.159	75	1.6692	125.2
10	1.0661	10.66	80	1.7272	138.2
15	1.1020	16.53	85	1.7786	151.2
20	1.1394	22.79	90	1.8144	163.3
25	1.1783	29.46	91	1.8195	165.6
30	1.2185	36.56	92	1.8240	167.8
35	1.2599	44.10	93	1.8279	170.2
40	1.3028	52.11	94	1.8312	172.1
45	1.3476	60.64	95	1.8337	174.2
50	1.3951	69.76	96	1.7355	176.2

H$_2$SO$_4$质量分数/%	相对密度 d_4^{20}	H$_2$SO$_4$(g/100mL水溶液)	H$_2$SO$_4$质量分数/%	相对密度 d_4^{20}	H$_2$SO$_4$(g/100mL水溶液)
97	1.8364	178.1	99	1.8342	181.6
98	1.8361	179.9	100	1.8305	183.1

3. 硝酸

HNO$_3$质量分数/%	相对密度 d_4^{20}	HNO$_3$(g/100mL水溶液)	HNO$_3$质量分数/%	相对密度 d_4^{20}	HNO$_3$(g/100mL水溶液)
1	1.0036	1.004	65	1.3913	90.43
2	1.0091	2.018	70	1.4134	98.94
3	1.0146	3.044	75	1.4337	107.5
4	1.0201	4.080	80	1.4521	116.2
5	1.0256	5.128	85	1.4686	124.8
10	1.0543	10.54	90	1.4823	133.4
15	1.0842	16.26	91	1.4850	135.1
20	1.1150	22.30	92	1.4873	136.8
25	1.1469	28.67	93	1.4892	138.5
30	1.1800	35.40	94	1.4812	140.2
35	1.2140	42.49	95	1.4832	141.9
40	1.2463	49.85	96	1.4852	143.5
45	1.2783	57.52	97	1.4874	145.2
50	1.3100	65.50	98	1.5008	147.1
55	1.3393	73.66	99	1.5056	149.1
60	1.3667	82.00	100	1.5129	151.3

4. 氢氧化钾

KOH质量分数/%	相对密度 d_4^{20}	KOH(g/100mL水溶液)	KOH质量分数/%	相对密度 d_4^{20}	KOH(g/100mL水溶液)
1	1.0083	1.008	12	1.1108	13.33
2	1.0175	2.035	14	1.1299	15.82
4	1.0359	1.144	16	1.1493	19.70
6	1.0554	6.326	18	1.1588	21.04
8	1.0730	8.584	20	1.1884	23.77
10	1.0918	10.92	22	1.2080	26.58

附录

续表

KOH 质量分数/%	相对密度 d_4^{20}	KOH(g/100mL 水溶液)	KOH 质量分数/%	相对密度 d_4^{20}	KOH(g/100mL 水溶液)
24	1.2285	29.48	40	1.3991	55.96
26	1.2489	32.47	42	1.4215	59.70
28	1.2695	35.55	44	1.4443	63.55
30	1.2905	38.72	46	1.1673	67.50
32	1.3117	41.97	48	1.4907	71.55
34	1.3331	45.33	50	1.5143	75.72
36	1.3549	48.78	52	1.5382	79.99
38	1.3769	52.32			

5. 氢氧化钠

NaOH 质量分数/%	相对密度 d_4^{20}	NaOH(g/100mL 水溶液)	NaOH 质量分数/%	相对密度 d_4^{20}	NaOH(g/100mL 水溶液)
1	1.0095	1.101	26	1.2848	33.40
2	1.0207	2.041	28	0.3064	36.58
4	1.0428	4.171	30	1.3279	39.84
6	1.0648	6.389	32	1.3490	43.17
8	1.0869	8.695	34	1.3696	46.57
10	1.1089	11.09	36	1.3900	50.04
12	1.1309	13.57	38	1.4101	53.58
14	1.1530	16.14	40	1.4300	57.20
16	1.1751	18.80	42	1.4494	60.87
18	1.1972	21.55	44	1.4685	64.61
20	1.2191	24.38	46	1.4873	68.42
22	1.2411	27.30	48	1.5065	72.31
24	1.2629	30.31	50	1.5253	76.27

6. 碳酸钠

Na$_2$CO$_3$ 质量分数/%	相对密度 d_4^{20}	Na$_2$CO$_3$(g/100mL 水溶液)	Na$_2$CO$_3$ 质量分数/%	相对密度 d_4^{20}	Na$_2$CO$_3$(g/100mL 水溶液)
1	1.0086	1.009	4	1.398	4.159
2	1.0190	2.038	6	1.0606	6.364

Na₂CO₃质量分数/%	相对密度 d_4^{20}	Na₂CO₃(g/100mL 水溶液)	Na₂CO₃质量分数/%	相对密度 d_4^{20}	Na₂CO₃(g/100mL 水溶液)
8	1.0816	8.653	16	1.1682	18.50
10	1.1029	11.03	18	1.1905	21.33
12	1.1244	13.49	20	1.2132	24.26
14	1.1463	16.05			

附录 5　常见致癌物质与剧毒化学药品

1. 已知危险的致癌物质

（1）芳胺及其衍生物

α-萘胺；β-萘胺；二甲氨基偶氮苯；联苯胺及其某些衍生物。

（2）N-亚硝基化合物

N-亚硝基二甲胺；N-亚硝基氢化吡啶；N-甲基-N-亚硝基苯胺；N-甲基-N-亚硝基脲。

（3）烷基化试剂

硫酸二甲酯；碘甲烷；重氮甲烷；氯甲基甲醚；双（氯甲基）醚；β-羟基丙酸内酯。

（4）稠环芳烃

苯并[a]芘；二苯并[c,g]咔唑；苯并[a,h]蒽；7,12-二甲基苯并[a]蒽。

（5）含硫化合物

硫脲；硫代乙酰胺。

（6）其他

石棉粉尘，二硝基苯；黄曲霉素 B₁；氯乙烯；羰基镍等。

2. 具有长期积累效应的毒物

这些物质进入人体后不易排出，在人体内累积，引起慢性中毒。因此，在使用这些化学药品时，都应采取妥善的防护措施，避免吸其蒸气和粉尘，也不要接触到皮肤。有毒气体和挥发性的有毒液体必须在通风良好的通风橱中操作。汞的表面应该用水掩盖，不可直接暴露在空气中，洒在地面及桌面上的汞应迅速撒上硫黄。具有长期积累效应的毒物主要有：① 苯；② 铅化合物，特别是有机铅化合物；③ 汞和汞化合物，特别是二价汞盐和液态的有机汞化合物。

附录 6　常见有机溶剂的纯化

1. 无水乙醇

参见实验 15。

2. 无水乙醚

（1）在 1000mL 分液漏斗中加入 500mL 的普通乙醚,再加入 50mL 10％新配制的亚硫酸氢钠溶液,或加入 10mL 硫酸亚铁溶液和 100mL 水,充分振摇(若乙醚中不含过氧化物,则可省去此步操作)。然后分出醚层,用饱和食盐水洗涤两次,再用无水氯化钙干燥数天,间歇振摇,过滤,蒸馏。将蒸出的乙醚倒入干燥的磨口试剂瓶中,压入金属钠丝干燥。如果乙醚干燥不够,当压入钠丝时,即会产生大量气泡。遇到这种情况,暂时先用装有氯化钙干燥管的软木塞塞住,放置 24h 后,过滤到另一个干燥试剂瓶中,再压入钠丝,至不再产生气泡,钠丝表面保持光泽,即可盖上磨口玻璃塞备用。

硫酸亚铁溶液的制备:在 100mL 水中,慢慢加入 6mL 浓硫酸,再加入 60g 硫酸亚铁溶解即得。此溶液必须使用时现配,放置过久易氧化变质。

（2）经无水氯化钙干燥后的乙醚,也可用 4A 型分子筛干燥,所得绝对无水乙醚能直接用于配制格氏试剂。

为了防止发生事故,对在一般条件下保存或储存过久的乙醚,除已鉴定不含过氧化物外,蒸馏时,都不要全部蒸干。

乙醚沸点 34.6℃,折射率 n_D^{20} 为 1.3527,相对密度 d_4^{15} 为 0.7193。

3. 无水甲醇

无水甲醇的制备参见无水乙醇的方法。

甲醇沸点 64.96℃,折射率 n_D^{20} 为 1.3288,相对密度 d_4^{15} 为 0.7914。

4. 无水无噻吩苯

在分液漏斗内将普通苯及相当于苯体积 15％的浓硫酸一起摇荡,摇荡后将混合物静置,弃去底层的酸液,再加入新的浓硫酸……这样重复操作直至酸层呈现无色或淡黄色,且检验无噻吩为止。分去酸层,苯层依次用水、10％碳酸钠溶液和水洗涤,用无水氯化钙干燥,蒸馏收集 80℃的馏分,若需高度干燥的苯,可加入钠丝(方法同无水乙醚)进一步去水。

噻吩的检验:取 5 滴苯于小试管中,加入 5 滴浓硫酸及 1～2 滴 1％ α,β-吲哚醌-浓硫酸溶液,振荡片刻。如溶液呈墨绿色或蓝色,表示有噻吩存在。

苯沸点 80.1℃,折射率 n_D^{20} 为 1.5011,相对密度 d_4^{15} 为 0.87865。

5. 无还原性杂质丙酮

方法一:在 1000mL 丙酮中加入 5g 高锰酸钾加热回流,以除去还原性杂质。若高锰酸钾紫色很快消失,需要再加入少量高锰酸钾继续回流,直至紫色不再消失为止。蒸出丙酮,用无水碳酸钾或无水硫酸钙干燥后,过滤,蒸馏,收集 55～56.5℃的馏分。

方法二:在 1000mL 丙酮中加入 40mL 10％硝酸银溶液及 35mL 0.1 mol/L 氢氧化钠溶液,振荡 10min,除去还原性杂质。过滤,滤液用无水硫酸钙干燥后,蒸馏,收集 55～56.5℃的馏分。

丙酮沸点 56.2℃,折射率 n_D^{20} 为 1.3588,相对密度 d_4^{15} 为 0.7899。

6. 无水无醇乙酸乙酯

在 1000mL 乙酸乙酯中加入 100mL 乙酸酐、10 滴浓硫酸,加热回流 4h,除去乙醇及水等杂质,然后进行分馏,馏出液用 20～30g 无水碳酸钾振荡,再蒸馏,得沸点为 77℃、纯度达 99.7% 的乙酸乙酯。

乙酸乙酯沸点 77.06℃,折射率 n_D^{20} 为 1.3723,相对密度 d_4^{15} 为 0.9003。

7. 无乙醇氯仿

普通用的氯仿含有质量分数为 1% 的乙醇(是为了防止氯仿分解为有毒的光气,作为稳定剂而加入的)。除去其中的乙醇,有两种方法。

方法一:将氯仿用其一半体积的水振荡数次,然后分出下层氯仿,用无水氯化钙干燥数小时后蒸馏。

方法二:将 1000mL 氯仿与 50mL 浓硫酸一起振荡两三次,分去酸层以后的氯仿用水洗涤,干燥,然后蒸馏。

除去乙醇后的无水氯仿应保存于棕色瓶中,不要见光,以免分解。

氯仿沸点 61.7℃,折射率 n_D^{20} 为 1.4459,相对密度 d_4^{15} 为 1.4832。

8. 石油醚

石油醚为轻质石油产品,是低相对分子质量的烃类(主要是戊烷和己烷)混合物,其沸程为 30～150℃,如有 30～60℃、60～90℃、90～120℃ 等沸程规格的石油醚。石油醚中含有少量不饱和烃,沸点与烷烃相近,用蒸馏法无法分离,必要时可用浓硫酸和高锰酸钾除去不饱和烃而得到饱和烃类混合物。通常将石油醚用其体积 1/10 的浓硫酸洗涤两三次,再用 10% 硫酸加入高锰酸钾配成的溶液洗涤,直至水层中的紫色不再消失为止。然后再用水洗,经无水氯化钙干燥后蒸馏。如需要绝对干燥的石油醚,则加入钠丝(方法同无水乙醚)除水。

9. 无水吡啶

将吡啶与粒状氢氧化钾或氢氧化钠一同回流,然后隔绝潮气蒸出备用。干燥的吡啶吸水性很强,保存时应将容器口用石蜡封好。

吡啶沸点 115.5℃,折射率 n_D^{20} 为 1.5095,相对密度 d_4^{15} 为 0.9819。

10. 无水 N,N-二甲基甲酰胺(DMF)

DMF 含有少量的水分,在常压蒸馏时会分解,产生二甲胺和一氧化碳。若有酸或碱存在,分解加快。用硫酸钙、硫酸镁、氧化钡、硅胶或分子筛干燥,然后减压蒸馏,收集 76℃/36mmHg 以下的馏分。如其中含水较多时,可加入其体积 1/10 的苯,在常压及 80℃ 以下蒸去水和苯,然后用硫酸镁或氧化钡干燥,再进行减压蒸馏。

DMF 中如有游离胺存在时,可用 2,4-二硝基氟苯产生颜色来检查。

DMF 沸点 149～156℃,折射率 n_D^{20} 为 1.4305,相对密度 d_4^{15} 为 0.9487。

11. 无水无过氧化物四氢呋喃(THF)

THF 与氢化锂铝混合(1000mL 需 2～4g 氢化锂铝),在隔绝潮气下回流除去其中的水和过氧化物,然后在常压下蒸馏,收集 66℃ 的馏分。精制后的液体应在氮气中保存,如需较久放置,应加质量分数为 0.025% 的 2,6-二叔丁基-4-甲基苯酚作为抗氧化剂。处理四氢呋喃时,应先取少量进行试验,确定只有少量水和过氧化物,作用不过于猛烈

附录

187

时,方可继续进行。

用碘化钾溶液来检验四氢呋喃中的过氧化物。

THF 沸点 67℃(64.5℃),折射率 n_D^{20} 为 1.4050,相对密度 d_4^{15} 为 0.8892。

参考文献

[1] 曾昭琼.有机化学实验[M].3 版.北京：高等教育出版社,2000.

[2] 高占先.有机化学实验[M].4 版.北京：高等教育出版社,2004.

[3] 兰州大学、复旦大学化学系有机化学教研室.有机化学实验[M].2 版.北京：高等教育出版社,1994.

[4] 单尚,强根荣,金卫红.新编基础化学实验(Ⅱ)(有机化学实验)[M].北京：化学工业出版社,2007.

[5] 李英俊,孙淑琴.半微量有机化学实验[M].2 版.北京：化学工业出版社,2009.

[6] 焦家俊.有机化学实验[M].上海：上海交通大学出版社,2000.

[7] 周科衍,高占先.有机化学实验教学指导[M].北京：高等教育出版社,1997.

[8] 麦肯济.有机化学实验[M].大连工学院有机化学教研组,浙江大学有机化学教研组,译.北京：人民教育出版社,1980.

[9] 张毓凡,曹玉萍,冯霄,等.有机化学实验[M].天津：南开大学出版社,1999.

[10] 关烨第,葛树丰,李翠娟,等.小量-半微量有机化学实验[M].北京：北京大学出版社,1999.

[11] 周宁怀,王德林.微型有机化学实验[M].北京：科学出版社,2000.

[12] 李兆陇,阴金香,林天舒.有机化学实验[M].北京：清华大学出版社,2001.

[13] 古风才,肖衍繁.基础化学实验教程[M].北京：科学出版社,2000.

[14] 徐伟亮.基础化学实验[M].北京：科学出版社,2005.

[15] 奚关根,赵长宏,高建宝.有机化学实验[M].上海：华东理工大学出版社,1999.

[16] Streitwieser A, et al. Introduction to organic chemistry[M]. New York：Mac Millan,1976.

[17] Williamson K L. Macroscale and microscale organic experiments[M]. 3rd edition. Boston：Houghton Mifflin Company, 1999.

[18] 李吉海,刘金庭. 基础化学实验(Ⅱ)——有机化学实验[M].2 版.北京：化学工业出版社,2007.

[19] 汪志勇.实用有机化学实验高级教程[M].北京：高等教育出版社,2016.

[20] 李明,刘永军,王书文,等.有机化学实验[M].北京：科学出版社,2010.

[21] 冯骏材,朱成建,俞寿云.有机化学原理[M].北京：科学出版社,2015.

[22] 王伦,方宾,高峰.化学实验(中册)[M].2 版.北京：高等教育出版社,2015.